ASP.NET 2.0
Web开发入门指南

青软实训 组编

万世平 金澄 颜斌 许江 编著

电子工业出版社

Publishing House of Electronics Industry

北京·BEIJING

内 容 简 介

　　本书是一本非常适合初学者的 ASP.NET 实战性入门指导书，易于理解、简单而又全面。旨在教会读者在开发实战中该如何思考并实现具体项目，学习面向对象的项目开发架构和各层的技术实现。全书分为 3 部分，第一部分讲解了使用 ASP.NET 进行 Web 开发的基础知识；第二部分采用控件拖曳和控件配置的方式实现了图书管理项目的快速开发；第三部分采用基于三层框架模式，用编写代码的方式重新实现图书管理系统。

图书在版编目（CIP）数据

ASP.NET 2.0 Web 开发入门指南 / 万世平等编著. —北京：电子工业出版社，2008.3
ISBN 978-7-121-05615-4

I. A⋯　 II. 万⋯　 III. 主页制作－程序设计－指南　 IV. TP393.092-62

中国版本图书馆 CIP 数据核字（2007）第 193844 号

责任编辑：高洪霞
印　　刷：北京智力达印刷有限公司
装　　订：三河市金马印装有限公司
出版发行：电子工业出版社
　　　　　北京市海淀区万寿路 173 信箱　邮编 100036
开　本：787×980　　1/16　印张：20.75　 字数：423 千字
印　次：2008 年 3 月第 1 次印刷
印　数：5000 册　定价：39.80 元

　　凡所购买电子工业出版社图书有缺损问题，请向购买书店调换。若书店售缺，请与本社发行部联系，联系及邮购电话：(010) 88254888。
　　质量投诉请发邮件至 zlts@phei.com.cn，盗版侵权举报请发邮件至 dbqq@phei.com.cn。
　　服务热线：(010) 88258888。

前　言

　　这是一本面向 ASP.NET 初学者的书，如果你刚准备从事 Web 程序开发，或者已经开发过一些 Web 项目，但总觉得没有领会到 Web 开发的核心思想，那么你应该好好看看这本书。无论是买下来细读并参照项目学习，还是在书架前迅速翻阅，都有利于你对 Web 项目开发有更深入的了解。作为进入编程行业的入门指导书之一，它能够帮助更多的人跨过程序员的门槛。

本书的创作契机

　　2006 年，我担任了一年的兼职.NET 老师，为大学三、四年级的学生讲解.NET 开发。讲课期间，看到了很多同学学习很刻苦，但是感觉入门很难。虽然他们已经很认真地在听课，很努力地动手做实验，也花了很多时间阅读编程类图书，但在面对一些很简单的问题时，却依然不知道如何入手。当看到他们愁眉紧锁的时候，我不禁自问，他们还缺什么？在后来的教学中，和他们接触多了，逐渐知道他们欠缺的是什么——适合他们的、易于理解的、简单而又全面的讲解项目开发实战的图书。

　　浏览目前市面上的那些编程专著，个个数百上千页，而且从一开始就按照语言应用于某个领域的功能讲解。细读这些书，中、高级的开发人员会受益无穷，而作为初学者却会越看越迷糊。大师们对技术走向的高瞻远瞩、对技术内幕的详细揭露，初学者却看的是一头糨糊，还没有学会用开发语言爬行怎能跟上大师们的飞行？

　　很幸运在产生写一本适合初学者学习的实战类型图书想法的时候，遇到了电子工业出版社的李冰编辑，在李冰编辑积极帮助下，我们开始了本书的编写。

本书的章节安排

　　本书分为三大部分，分别讲解使用 ASP.NET 进行 Web 项目开发的基础知识、图书管理项目的简单实现和图书管理项目的代码开发实现。章节安排如下：

	第 1 章 使用 Visual Studio 2005 进行 Web 项目开发	介绍 Visual Studio .NET 2005 的布局、特点、进行 Web 项目开发常用的操作、数据库管理开发的操作，以及编译、调试等方面的知识
第一部分讲解使用 ASP.NET 进行 Web 项目开发的基础知识	第 2 章 ASP.NET 2.0 介绍	介绍 ASP.NET 2.0 的特点、页面模式和生命周期、控件，以及配置、通信基本类和状态管理等知识点
	第 3 章 C#语言的基本语法	分别从数据类型、运算符、流程控制和面向对象编程等几个方面对 C# 2.0 进行介绍
	第 4 章 ADO.NET 基础知识	从数据连接、命令执行、数据集组件——DataSet、SqlData Adapter 及数据绑定等方面介绍 ADO.NET 的开发知识
	第 5 章 Web 开发基础知识	讲解进行 Web 项目开发需要了解的 HTML、Java Script、CSS、SQL 等语言
	第 6 章 项目起步	开始图书管理项目的设计，简单描述项目的目标、参与者、功能及数据库的设计，完成对图书管理项目的简单设计
	第 7 章 页面复用与一致性	是图书管理项目正式开发的开始。围绕图书管理项目的母版页和主题讲述 Web 项目开发中如何实现页面复用与一致性
第二部分采用控件拖曳和控件配置的方式实现了图书管理系统的快速开发	第 8 章 页面编程	通过图书管理项目的页面功能开发，讲解数据绑定和控件的开发技巧，在几乎没有写代码的情况下，利用控件的拖曳和简单配置实现了图书管理项目的基本功能开发
	第 9 章 站点导航和站点地图	介绍如何通过 ASP.NET 的站点导航 API 和相关控件迅速开发出各种导航应用
	第 10 章 成员资格管理	实现了成员资格管理和角色权限管理等与安全相关的设置开发，通过 ASP.NET 的成员资格管理 API 和工具及控件的配合，很快地完成了这方面的开发任务
	第 11 章 侧重开发的项目起步	讲解了三层开发的基本知识，并指导读者建立一个符合三层开发要求的项目解决方案
第三部分采用基于三层框架模式，用编写代码的方式重新实现图书管理系统，在开发中通过 C# 2.0 的范型新特性实现对象的传输，并采用后期代码绑定的方式实现页面数据呈现，通过代码生成器实现项目的快速开发	第 12 章 数据访问层的实现	讲解数据层开发的实例，以图书类别、图书信息和图书借阅记录三个对象为例，在该章的最后介绍了代码生成器的使用
	第 13 章 业务逻辑的实现	讲解了逻辑层开发的实例，同样以图书类别、图书信息和图书借阅记录三个对象为例，在数据层的支持下，逻辑层的开发很简单
	第 14 章 界面层实现	讲解了界面层的实现，与第二部分的项目（主要是界面层开发）不同，第三部分的项目界面层开发很简单，仅仅需要处理数据呈现和传递
	第 15 章 项目增强功能扩展	讲解了项目增强功能的拓展开发，实现了 RSS、Lucene 和 Web Service 三个方面的扩展，使得图书管理项目在拓展性和易用性等方面有很大提高

实践

基础

本书实现了两个功能相同的项目，第一阶段的项目采用控件拖曳和控件配置的方式实现，通过项目的开发让读者理解软件开发的基本过程和 ASP.NET 各个方面的基础知识，让读者在开发实战中学习该如何思考项目，如何实现项目；第二阶段的项目采用三层框架开发的方式实现，通过代码的实现让读者理解如何实现一个稳定、高效的软件项目，让读者在开发实战中学习面向对象的项目开发的架构和各个层的技术实现。第一个阶段的项目，我们建议读者在 7 天时间内学习完成，第二个阶段的项目应该在 14 天内学习完成。

本书所有源代码资源可以登录 www.broadview.com.cn 网站，在"资源下载"区进行下载。

感言

技术人员都有一个很致命的问题，就是能很好地实现项目而不能很好地描述，我们同样也存在这样的问题，书中的两个项目我们十天左右的时间就完成了，而讲解如何实现项目却花了半年时间，希望读者从本书的字里行间看出我们在非常用心地为读者展示 ASP.NET 开发的应用技术。

在写书的过程中很多同事和学生给了我们很多帮助，在这里感谢王鹏、王选等同学为本书付出的努力，也感谢 EHR99 网站的牟文奇为我们提供了网站美术框架，最后感谢电子工业出版社的编辑们不厌其烦地改正了书稿中的许多错误。

书中有描述不正确或不清楚之处，请读者指正。

万世平

目　　录

第一部分　开发基础知识

第1章　使用 Visual Studio 2005 进行 Web 项目开发···············2

1.1　Visual Studio 2005 简介 ················2
　　1.1.1　Visual Studio 2005 的特点 ···········2
　　1.1.2　Visual Studio 2005 的布局介绍 ·········3
1.2　创建 Web 项目 ···················4
　　1.2.1　创建项目 ·················4
　　1.2.2　创建文件 ·················6
　　1.2.3　ASPX 页面常见操作 ············7
1.3　数据库开发 ····················9
　　1.3.1　创建数据库 ·················9
　　1.3.2　创建表 ··················11
　　1.3.3　创建数据库其他元素 ···········14
1.4　项目开发操作指南 ················15
　　1.4.1　使用 MSDN 获得帮助 ···········15
　　1.4.2　项目编译和部署 ·············17
　　1.4.3　项目调试 ················18
1.5　小结 ······················20

第2章　ASP.NET 2.0 介绍···········21

2.1　ASP.NET 简介 ·················21
2.2　ASP.NET 2.0 页面基础 ·············23
　　2.2.1　ASP.NET 2.0 页面基类 ·········23
　　2.2.2　ASP.NET 2.0 生命周期 ·········26
2.3　ASP.NET 2.0 控件介绍 ·············28
　　2.3.1　ASP.NET 2.0 控件概述 ·········28
　　2.3.2　HTML 控件 ···············30
　　2.3.3　Web 控件 ···············32

2.4 ASP.NET 2.0 运行配置 ················· 35

    2.4.1 web.config 组成 ················· 35

    2.4.2 web.config 编辑 ················· 36

    2.4.3 web.config 访问 ················· 38

2.5 浏览器与服务器通信基本类 ·········· 38

    2.5.1 HttpRequest ·················· 39

    2.5.2 HttpResponse ················· 41

    2.5.3 HttpServerUtility ··············· 42

2.6 ASP.NET 状态管理 ·················· 43

    2.6.1 客户端的状态管理 ··············· 44

    2.6.2 服务器端的状态管理 ············· 46

2.7 小结 ···························· 47

第3章 C#语言的基本语法 ·············· 48

3.1 C#语言介绍 ····················· 48

3.2 C#的数据类型 ···················· 49

    3.2.1 值类型 ····················· 49

    3.2.2 引用类型 ··················· 50

    3.2.3 类型转换 ··················· 53

3.3 C#的运算符 ····················· 54

3.4 C#的流程控制 ···················· 55

    3.4.1 条件语句 ··················· 55

    3.4.2 循环语句 ··················· 57

    3.4.3 跳转语句 ··················· 59

3.5 C#的面向对象编程 ················· 59

    3.5.1 字段和常数 ················· 60

    3.5.2 属性 ····················· 60

    3.5.3 方法 ····················· 61

    3.5.4 事件 ····················· 62

    3.5.5 操作符重载 ················· 63

    3.5.6 构造函数 ··················· 64

    3.5.7 继承 ····················· 64

3.6 小结 ···························· 68

第 4 章　ADO.NET 基础知识 ································ 69

4.1　ADO.NET 概述 ·································· 69
 4.1.1　ADO.NET 组件介绍 ··················· 69
 4.1.2　可访问的数据源 ······················ 70
4.2　数据连接 ······································ 71
 4.2.1　SqlConnection 类 ····················· 71
 4.2.2　数据连接字符串 ······················ 72
4.3　执行 SQL ····································· 73
 4.3.1　SqlCommand 对象执行 SQL ········· 73
 4.3.2　使用参数 ···························· 75
 4.3.3　执行存储过程 ························ 76
 4.3.4　事务 ······························· 77
4.4　DataSet ······································· 79
 4.4.1　DataSet 组成 ························· 79
 4.4.2　DataSet 数据维护 ···················· 80
 4.4.3　DataSet 数据检索 ···················· 81
4.5　非连接模式数据操作 ···························· 82
 4.5.1　SqlDataAdapter 概述 ·················· 82
 4.5.2　SqlDataAdapter 数据填充 ·············· 83
 4.5.3　SqlDataAdapter 数据批量更新 ·········· 83
4.6　数据绑定 ······································ 84
4.7　小结 ·· 86

第 5 章　Web 开发基础知识 ································ 87

5.1　Web 开发基础知识简介 ························ 87
5.2　HTML 语言 ··································· 87
 5.2.1　头部信息 ···························· 89
 5.2.2　内容信息 ···························· 89
5.3　JavaScript 语言 ······························· 96
 5.3.1　JavaScript 的代码设置 ················ 97
 5.3.2　JavaScript 的基本数据类型 ············ 98
 5.3.3　JavaScript 的运算符 ·················· 99
 5.3.4　JavaScript 的语句和函数 ············· 100

    5.3.5　JavaScript 与 HTML 对象和浏览器的

          交互 ··103

5.4　CSS 样式表 ···104

5.5　SQL 语言 ···107

    5.5.1　数据库的主要组成部分·····················107

    5.5.2　SQL 对数据库的主要操作·················107

5.6　小结 ··112

第二部分　图书管理快速开发项目

第 6 章　项目起步 ··114

6.1　项目介绍 ···114

    6.1.1　项目分析···114

    6.1.2　项目目标···115

    6.1.3　项目参与者···115

    6.1.4　项目流程···115

6.2　项目设计 ···116

    6.2.1　项目功能模块······································117

    6.2.2　数据结构设计······································118

6.3　小结 ··119

第 7 章　页面复用与一致性 ························120

7.1　页面复用与一致性的意义 ····················120

7.2　布局和页面内容的复用——母版页 ········120

    7.2.1　生成母版页···121

    7.2.2　将当前页面移植到母版页中·············125

7.3　页面风格一致的手段——主题 ·············127

    7.3.1　创建主题···128

    7.3.2　创建 CSS 文件·····································129

    7.3.3　使用主题···130

    7.3.4　开发项目的主题··································131

7.4　小结 ··133

第8章　页面编程 ································ 134

8.1　"关于项目"实现 ···························· 134
8.2　"添加图书"实现 ···························· 135
8.3　"图书列表"实现 ···························· 141
8.4　"图书浏览"实现 ···························· 144
8.5　"最近图书"实现 ···························· 151
8.6　"图书目录"实现 ···························· 153
8.7　"图书类别维护"实现 ···················· 156
8.8　"用户信息维护"实现 ···················· 160
8.9　"添加图书"改进 ···························· 163
8.10　"延期借阅申请审批"实现 ············ 169
8.11　小结 ·· 172

第9章　站点导航和站点地图 ··············· 173

9.1　站点导航的意义 ···························· 173
9.2　建立站点地图 ································ 174
9.3　Menu 控件实现导航 ······················ 176
9.4　TreeView 控件实现导航 ·················· 177
9.5　SiteMapPath 控件实现导航 ············· 178
9.6　站点导航的扩展应用 ···················· 178
9.7　小结 ·· 179

第10章　成员资格管理 ························ 180

10.1　成员资格管理的意义 ··················· 180
10.2　简单配置实现成员管理 ················ 181
　　10.2.1　生成数据库并配置 ············· 181
　　10.2.2　制作注册页 ······················ 184
　　10.2.3　制作登录页 ······················ 186
10.3　增加角色的管理 ························· 188
　　10.3.1　配置 web.config ·················· 189
　　10.3.2　实现角色权限管理 ············· 189
10.4　代码中成员资格信息使用 ············· 193
10.5　第一个项目总结 ························· 194
10.6　小结 ·· 195

第三部分　图书管理标准项目开发

第 11 章　侧重开发的项目起步 ·················198

11.1　新项目的意义 ··················198
11.2　项目层次的划分 ···············199
11.3　创建新项目的解决方案 ·········200
11.4　三层架构详解 ················204
　　11.4.1　数据层 ················204
　　11.4.2　数据访问层 ············205
　　11.4.3　实体层 ················205
　　11.4.4　业务逻辑层 ············206
　　11.4.5　表示层 ················207
11.5　小结 ·······················207

第 12 章　数据访问层的实现 ·················208

12.1　数据访问操作辅助类 ··········208
12.2　图书类别的数据层实现 ·········217
　　12.2.1　数据对象转换项目——Model ·······217
　　12.2.2　数据访问实现项目 ·······218
12.3　图书信息的数据层实现 ·········225
　　12.3.1　数据对象转换项目——Model ·······225
　　12.3.2　数据访问实现项目 ·······229
12.4　图书借阅的数据层实现 ·········235
　　12.4.1　数据对象转换项目——Model ·······235
　　12.4.2　数据访问实现项目 ·······239
12.5　小结 ·······················244

第 13 章　业务逻辑的实现 ·················247

13.1　图书类别的逻辑实现 ··········247
13.2　图书信息的业务逻辑实现 ·······254
13.3　图书借阅记录的业务逻辑实现 ·····262
13.4　小结 ·······················264

第 14 章　界面层实现 ················· 265

14.1　最近图书列表功能 ··············· 265

　14.1.1　最近图书列表界面开发 ······· 265

　14.1.2　最近图书列表代码开发 ······· 267

14.2　图书列表功能 ··················· 268

14.3　延期借阅功能 ··················· 271

14.4　添加修改图书功能 ··············· 277

　14.4.1　添加修改页面复用的意义 ····· 277

　14.4.2　实现方法 ··················· 278

14.5　批准延期借阅功能 ··············· 283

　14.5.1　数据库事务的意义 ··········· 283

　14.5.2　实现数据库事务的方法 ······· 283

14.6　缓存应用 ······················· 284

　14.6.1　应用程序缓存 ··············· 285

　14.6.2　页输出缓存 ················· 286

　14.6.3　缓存的依赖 ················· 289

14.7　小结 ··························· 290

第 15 章　项目增强功能扩展 ··········· 291

15.1　RSS 实现 ······················ 291

　15.1.1　RSS 格式介绍 ··············· 291

　15.1.2　图书列表 RSS 实现 ··········· 292

15.2　全文索引方式搜索书籍 ··········· 295

15.3　实现图书查询服务 ··············· 303

15.4　小结 ··························· 310

　15.4.1　基于代码的编程 ············· 310

　15.4.2　如何发挥 ASP.NET 2.0 的优势 ··· 311

附录 A　项目文件介绍 ··············· 312

附录 B　数据库目录 ················· 314

第一部分　开发基础知识

第 1 章　使用 Visual Studio 2005 进行 Web 项目开发

第 2 章　ASP.NET 2.0 介绍

第 3 章　C#语言的基本语法

第 4 章　ADO.NET 基础知识

第 5 章　Web 开发基础知识

第 1 章　使用 Visual Studio 2005 进行 Web 项目开发

本书的第 1 章节先来介绍一下如何使用 Visual Studio 2005 进行 Web 项目开发，本书项目使用 Visual Studio 2005 作为开发工具，熟练掌握它有助于读者更加顺利地完成后续章节的项目开发学习。

1.1　Visual Studio 2005 简介

Visual Studio 2005 是.NET 2.0 框架下的主要开发工具，它集成了解决方案管理、代码编辑、控件管理、编译调试部署等常用功能，协助开发者完成 WinForm 项目或 Web 项目的开发工作，下面就详细介绍一下 Visual Studio 2005 在开发 Web 项目方面的特点及其窗体布局。

1.1.1　Visual Studio 2005 的特点

为了方便 Web 项目开发，Visual Studio 2005 在 Visual Studio 2003 的基础上做了很大的改进，使得开发更加方便、快捷。

1．集成了 Web 服务器，无须依赖 IIS

在 Visual Studio 以前版本的开发中，Web 项目的创建必须依赖于 IIS，也就是首先要安装了 IIS 才能创建并运行 Web 项目；而在 Visual Studio 2005 中，集成了一个本地的 Web 服务器（Cassini），在创建项目时无须创建虚拟目录，在运行项目时，Visual Studio 2005 自动调用 Cassini，随机生成端口并发布 Web 项目，通过 Cassini 可以模拟 IIS 的主要操作，从而实现 Web 项目的浏览和调试。

2．改善了 Web 项目的存储和访问

在 Visual Studio 以前版本中，Web 项目的存储会有些麻烦，单纯的 Web 项目被放置到 IIS 虚拟目录下，而其余类的解决方案会被放置到 Project 的默认目录下；Visual Studio 2005 改变了这个做法，把它们放置到同一个目录下，Web 项目被默认命名为 Web 目录，其他类项目按照项目名命名放在 Web 目录的同级目录下，这样，备份和复制等管理项目的方式就变得容易操作多了。除了在 Web 目录存储方面的改进，Visual Studio 2005 在 Web 项目的访问方面也有了更好的改进。在打开网站模式下选择 Web 项目所在的目录就可以自动加载完整的 Web 项目，而不是像之前版本的方式——必须找到*.sln 文件。

3．实现了页面代码的智能感知

以前，用户只能在编写 Web 项目中 C#代码的时候享受智能感知的强大功能，在 HTML 编辑以及 JavaScript 编辑的时候只能手动输入代码，Visual Studio 2005 改善了这一点，用户可以在开发 Web 项目的页面内容时也使用智能感知功能，这样就提高了开发速度和编程的稳定性。

4．Web 项目发布技术实现

在 Visual Studio 2005 之前的版本中，Web 项目的发布是个比较复杂的问题，笔者清楚地记得在之前版本下发布网站的麻烦之处。首先将项目复制到其他目录，然后查找*.cs，*.sln 等文件并删除，接下来压缩复制。每次项目的发布就像是一次对文件查找的练习课。Visual Studio 2005 改善了 Web 项目的发布技术，可以使用 Web 项目发布功能将去掉代码和解决方案管理文件的文件发布到一个目录下或 FTP 中，从而极大地方便了 Web 项目的发布和部署工作。

Visual Studio 2005 对 Web 项目的改善还有很多细微之处，这里就不一一介绍了，希望读者能在后面的项目开发中享受 Visual Studio 2005 带来的便捷。

1.1.2　Visual Studio 2005 的布局介绍

Visual Studio 2005 是.NET 开发的主要工具，所以有必要先了解一下这个工具的布局，如图 1-1 所示。

标记为 1 的区域是菜单和工具栏区域，Visual Studio 2005 的主要命令操作可以在该区域实现。

标记为 2 的区域是左边侧栏，主要包含两个浮动窗口：工具栏和服务器资源管理器。工具栏负责呈现开发中使用的控件，根据解决方案的不同呈现不同的控件供开发者选择；服务器资源管理器是数据库等服务器的服务访问窗口，主要用于对数据库的管理。

标记为 3 的区域是主工作区，在项目开发时，代码就在该区域呈现，可以编辑代码以完成项目开发。

标记为 4 的区域是右边侧栏，主要包含解决方案资源管理器、属性管理器和类视图等浮动窗体。解决方案资源管理器负责呈现解决方案的成员并完成对解决方案的添加、编辑和删除工作；属性管理器负责编辑窗体和控件的属性，并为控件选择合适的事件；类视图是以视图的形式浏览项目中的各个类。

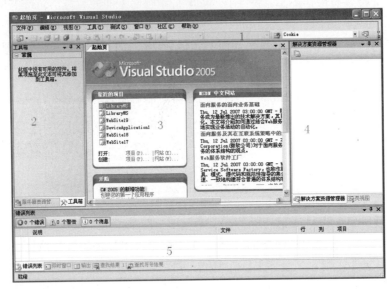

图 1-1　Visual Studio 2005 布局

标记为 5 的区域是底边栏，主要是一些消息和辅助类的浮动窗口，由错误列表、即时窗口、输出等组成。错误列表显示当前解决方案中代码的错误之处，帮助开发者记录错误；即时窗口用于在调试时查询变量的状态。

1.2　创建 Web 项目

Visual Studio 2005 是开发 Web 项目的主流开发工具，本节将学习一下如何使用 Visual Studio 2005 创建一个 Web 项目及其各个组成部分。

1.2.1　创建项目

创建项目是进行开发的第一步，项目（project）是多个文件或文件夹的集合，这些文件必须符合项目的属性才能加入到项目中。一个或多个项目可以组成一个解决方案

（solution），用于描述解决方案的文件后缀是.sln，而描述项目的文件后缀是.csproj（特指 C#项目），可以通过双击.sln 文件类型快速打开一个解决方案。

　　在 Visual Studio 2005 中可以创建多种不同类型的项目，其中 Web 项目被独立放在"网站"的菜单下，其他项目在"项目"的菜单下创建，如图1-2 所示。

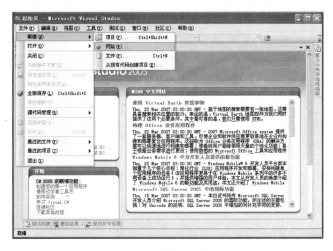

图 1-2　创建新项目

　　选择"项目"菜单，打开如图 1-3 所示的对话框，可以创建各种类型的项目，以后常用的主要是"Windows"节点下和"安装和部署"节点下的项目。本书第三部分开发讲解中会用到"Windows"节点下的"类库"类型的项目；"安装和部署"节点下的项目主要用于制作安装文件，用这些项目就可以快速、方便地建立自己所开发项目的安装包。

图 1-3　"新建项目"对话框

选择"网站"菜单，可以看见如图 1-4 所示的界面。

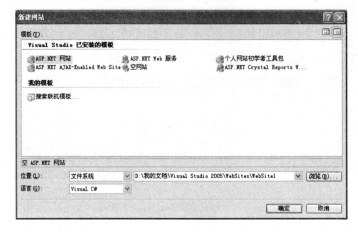

图 1-4　选择网站项目

　　"ASP.NET 网站"类型的项目是这里需要创建的网站项目，将"位置"输入框中的文件夹位置修改成希望的项目目录位置，然后单击"确定"按钮，Visual Studio 2005 就会自动创建一个网站项目。

　　提醒初学者留意"个人网站初学者工具包"这个项目，该项目可以自动生成一个完整的、非常适合初学者的网站项目，包含数据库和说明文档，建议感兴趣的读者能够花些时间来研究一下。

1.2.2　创建文件

图 1-5　创建文件夹

创建完网站项目后，开始创建项目的文件。

　　在创建文件之前，可能首先需要创建文件夹。在项目的"解决方案资源管理器"浮动窗口中，在网站项目上方单击鼠标右键，出现如图 1-5 所示的右键菜单。选择"新建文件夹"，IDE 自动生成一个名为"新文件夹 1"的文件夹，改变文件夹的名称，就完成了文件夹的创建。

　　下面继续创建文件，在项目的"解决方案资源管理器"浮动窗口中，在网站项目或文件夹上单击鼠标右键，在出现的右键菜单中选择"添加新项"项，出现如图 1-7 所示的对话框。

图 1-6　添加新项　　　　　　　　　　图 1-7　选择新项目文件类型

在选择区能看到，可以将很多类型的文件添加到项目中。其中比较常用的文件类型居前，各个类型文件的创建在下面的章节中会逐一讲解，本节就不涉及了。

选择一个文件类型，在下方的输入框输入名称并勾选相应的复选框就可以创建一个文件了。

1.2.3　ASPX 页面常见操作

"Web 窗体"类型文件即 ASPX 页面是网站项目中最常用的文件类型，是网站项目的主要组成部分，本节就详细介绍一下 ASPX 页面的常见操作。

如图 1-8 所示，一个 ASPX 页面包含 ASPX 页面和 CS 文件两个主要部分，这就是"Code Behind"模式（代码隐藏页模式），当然还有类似于 ASP 页面的单文件页模式（即 HTML、控件以及后台执行代码在一个页面中），代码隐藏页模式是这里强烈建议和 Visual Studio 2005 默认的页面模式。

代码隐藏页模式的两类页面分别起不同的作用。ASPX 页面主要描述 HTML、控件和 JavaScript 等，包含了控件的属性、事件和样式等内容；CS 页面主要描述页面的代码部分，实现 ASPX 页面中声明的事件，也可以动态设置控件的属性和样式，甚至动态添加新的控件。

下面分别介绍一下这两种文件的常用操作。

图 1-8　代码隐藏页模式

ASPX 页面主要有两种设计形态，分别是所见即所得的设计时态和浏览代码的源代码时态，如图 1-9 所示，在页面编辑的下方可以方便地切换。

在页面设计时，可以将控件拖曳到页面中。如图 1-10 所示，在工具箱中将所需要的控件拖曳到页面上就可以为页面增加控件。

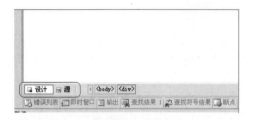

图 1-9　编辑器的编辑状态

图 1-10　设计时态

也可以为控件配置属性，如图 1-11 所示，选择控件，单击鼠标右键，弹出菜单后选择"属性"，就可以编辑该控件的属性。

ASP.NET 的一个重要的亮点就是可以像 WinForm 一样，在界面中使用控件的事件开发，例如，用户单击了某按钮，如果按钮上有事件关联的话，就会自动回调给后台代码执行事件所对应的方法。下面介绍一下如何为控件设置事件，以及如何写事件的响应代码。

在控件的"属性"浮动窗体顶部单击"事件"按钮，就会出现该控件的所有可选用的事件，如图 1-12 所示。

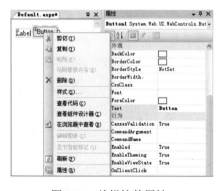

图 1-11　编辑控件属性

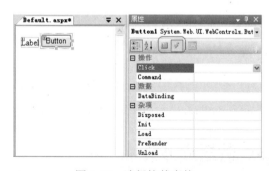

图 1-12　选择控件事件

双击事件名称旁的空白处就可以为该控件自动建立该事件，IDE 也自动进入代码编辑状态，接着就可以为事件编写响应代码了，如图 1-13 所示。

下面再来了解一下 ASPX 页面的另外一个编辑时态——源代码。

在 IDE 的下方选择"源"按钮，进入页面的源代码编辑时态，就可以用改动 HTML 源代码的方式编辑 ASPX 页面，最终的结果和用所见即所得的设计时态是一样的，如图 1-14 所示。

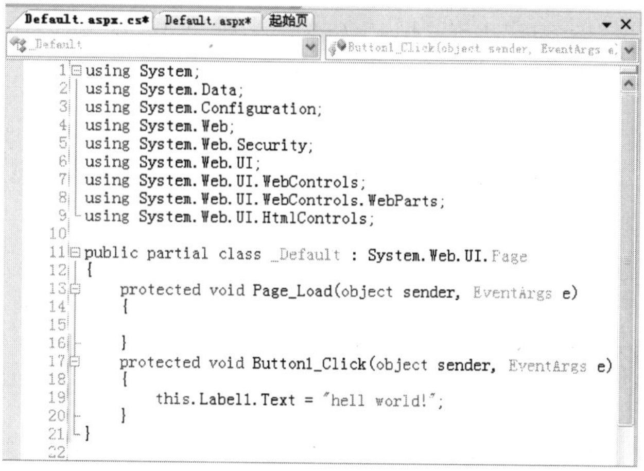

图 1-13　实现事件触发后的方法

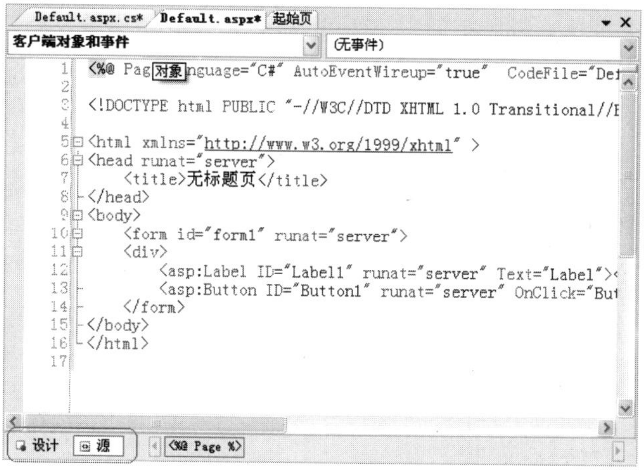

图 1-14　IDE 的源代码编辑时态

1.3　数据库开发

Visual Studio 2005 可以对数据库进行简单的开发和管理，这样就方便了开发人员，不需要打开多个开发编辑工具分别编辑代码和数据库。下面对 Visual Studio 2005 在数据库方面的开发管理进行简单的介绍。

1.3.1　创建数据库

在安装 Microsoft Visual Studio 的同时，操作系统已经默认安装了 SQL Server 2005

Express，用户可以很方便地使用 IDE 创建需要的数据库。为了便于开发，可以直接将数据库建立到项目中，待项目部署的时候再将数据库文件附加到 SQL Server 2005 数据库服务中。

如图 1-15 所示，在"解决方案资源管理器"中，在"App_Data"目录上方单击鼠标右键，并在弹出的菜单中选择"添加新项"，将出现如图 1-16 所示的对话框。

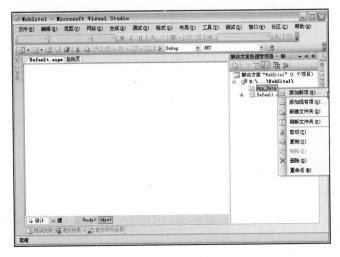

图 1-15　新建项目

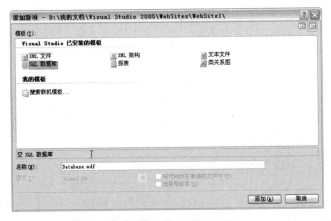

图 1-16　选择数据库类型文件

在对话框中选择"SQL 数据库"，并修改名称输入框内容为"Database.mdf"，然后单击"添加"按钮，将自动创建一个数据库文件，如图 1-17 所示。

创建数据库之后，整个项目所需要的数据都可以存储在这个名为"Database.mdf"的数据库中。

图 1-17　数据库文件浏览

1.3.2　创建表

对于每一个数据库，在存储数据时，应该将数据进行分类规划，以便更加方便地管理数据。表是包含 SQL Server 2005 数据库中的所有数据的对象。每个表代表一类对其用户有意义的对象，如可以把网站的用户信息存储在用户信息表中。

下面学习如何创建表。在 Visual Studio 2005 的右边栏的"服务器资源管理器"窗体中有一个数据连接节点，展开该节点就会发现刚建立的数据库文件"Database.mdf"，展开该文件，在"表"节点上方单击鼠标右键，将会出现如图 1-18 所示的菜单。

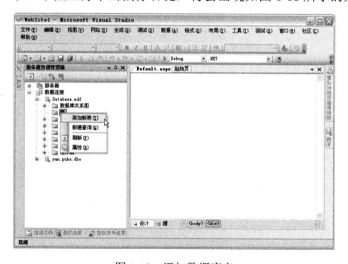

图 1-18　添加数据库表

选择"添加新表"，就出现了表的字段内容编辑页面，如图 1-19 所示，可以在这里定义表结构。数据在表中的组织方式与在电子表格中相似，都是按行和列的格式组织的。每一行代表一条唯一的记录，每一列代表记录中的一个字段。例如，图书信息数据的表中，每一行代表一本书的记录，各列分别代表该书的信息，如书的编号、书名、作者等。

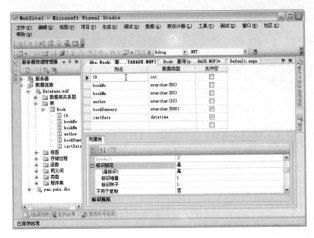

图 1-19　增加表字段

依次为创建的表定义了 5 个列，分别为 ID（序号）、bookNo（书编号）、bookNm（书名）、author（作者）、bookSummary（简介）、isrtDate（更新时间）。每一列存储的数据对数据类型的要求是不同的，因此还要为每一列定义数据类型，其中 int 是整型，nvarchar（50）代表可以存放最大为 50 个 utf8 编码的字符。在定义 ID 的数据类型的时候，在"列属性"里，设置了更加详细的选项，将"（是标识）"设置为"是"，意味着 ID 列是自增列，随着数据的一行一行地添加，数据库将自动以 1 为步进单位填充 ID 列。

如图 1-20 所示，接下来可以单击"保存"图标，保存当前表，必要的步骤是为此表设置表名，在这里设置为"Book"。

图 1-20　保存表

接下来可以浏览表的内容了，如图 1-21 所示，在"Book"表的上方单击鼠标右键，在右键菜单中选择"显示表数据"打开当前表。

图 1-21 显示表数据操作

可以看到数据库中 Book 表里无有意义的数据，如图 1-22 所示，因为还没有填充数据，所以没有实际数据，可以选择每一行的每一列进行数据填充。

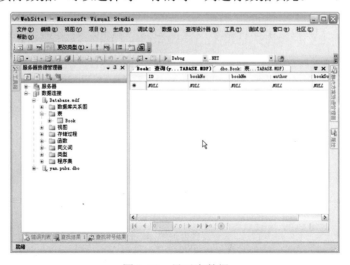

图 1-22 显示表数据

如图 1-23 所示，填充了 13 行数据，在鼠标离开某行数据后，Visual Studio 2005 就会自动将数据保存到数据库中，无须再单击"保存"按钮。

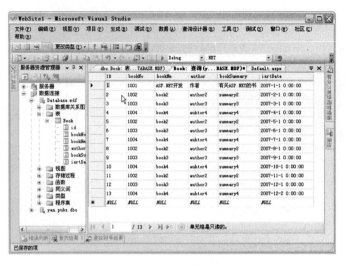

图 1-23　填充表数据

1.3.3　创建数据库其他元素

数据库除了表之外主要还有视图和存储过程等元素，使用 Visual Studio 2005 也可以方便地创建并管理它们。

1．视图

在视图目录下可以创建并管理数据库中的所有视图，在视图节点上方单击鼠标右键，将出现如图 1-24 所示的菜单。

图 1-24　视图管理

选择"添加新视图"菜单将出现如图 1-25 所示的界面。

图 1-25　新建视图

这样，就可以在视图编辑页面中编辑并保存视图了。

2．存储过程

在存储过程目录下可以创建并管理数据库中的所有存储过程，如图 1-26 所示，选择"添加新存储过程"菜单项就可以创建存储过程了。

图 1-26　存储过程管理

1.4　项目开发操作指南

下面介绍一下项目开发常用的操作，这些知识点是项目开发者需要了解的，熟练使用这些技巧将会大大提高开发者的工作效率。

1.4.1　使用 MSDN 获得帮助

Visual Studio 2005 安装完毕后会自动提示 MSDN 的安装，如果安装了 MSDN 就可以方便地在开发过程中获得帮助。MSDN 又被命名为"Microsoft Visual Studio 2005 文档",是学习.NET 开发最好的帮助文档,它提供了软件开发各个方面的文档和使用示例。很多开发者之所以选择使用.NET 进行开发,语言的简单、开发工具的强大和中文使用帮助的完善是主要因素。MSDN 是所有.NET 程序人员离不开的法宝,笔者当年就是在 MSDN 的帮助和指引下学习.NET 开发的。

在项目开发中,启动 MSDN 有两种方法。一是在代码编辑状态下按 F1 功能键;二是在 Visual Studio 2005 菜单中选择"帮助"菜单,然后选择"目录"菜单项,如图 1-27 所示。

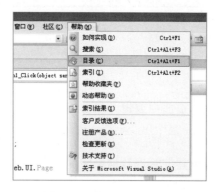

图 1-27　选择 MSDN 帮助

使用 MSDN 寻求开发帮助可以通过目录、索引和搜索三种方式进行。"目录"是按照开发的知识点分类,使用者可以系统地学习相关知识;"索引"是按照知识点的关键字索引进行信息呈现;"搜索"就是在文档中搜索关键字。

如图 1-28 所示,用目录或索引方式都需要首先选择"筛选依据",因为 MSDN 不仅仅包含 Visual Studio 2005 的开发帮助,还包含 SQL Server 2005 等的使用文档,所以要首先过滤浏览的范围。

在浏览具体文档时,这里介绍给新学者一个好办法进行系统学习。如图 1-29 所示是"Page 类"的帮助文档,可以看到其中有"请参见"和"示例"菜单。通过"请参见"菜单可以调用当前文档相关的帮助文档,通过相关文档的关联浏览可以让读者按照 MSDN 编写者的思路系统全面地学习相关知识;通过"示例"菜单可以学习当前文档的具体示例,增强对该知识点的认识。

图 1-28　MSDN 帮助目录

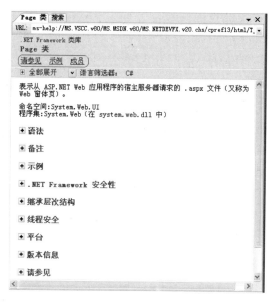

图 1-29　MSDN 关联学习

1.4.2　项目编译和部署

　　网站项目的编译就是将 C#代码编译成二进制的 DLL 文件，一般项目的编译主要有两种时态，debug 和 release。debug 是编译器生成调试信息，并将这些信息放置在一个程序数据库（.pdb 文件）中，所以用 debug 选项编译的版本也叫调试版本；release 是编译器不产生调试信息，对项目进行优化，提高运行效率，所以用 release 选项编译的版本也叫发布版本。通过项目的编译会在网站项目目录下生成一个"bin"目录，编译后的 DLL 文件就存放在这个目录下。对网站项目进行编译有提高访问效率、增强代码安全性和方便项目部署等作用。

　　网站项目的编译很简单，如图 1-30 所示，选择网站项目，单击鼠标右键，在弹出的菜单中选择"生成网站"就可以编译了。如果编译过程中代码有错误，会自动跳出"错误列表"提示框，提示使用者逐个修改错误。

　　网站项目的部署就是将开发的网站项目安装到其他计算机上，ASP.NET 项目可以用 xcopy 方式部署，将开发的文件完全复制到需要安装的计算机的相关目录下，再设置一下 IIS 的虚拟目录即可，但是一般建议使用站点预编译后部署方式进行，方法很简单，类似于上面的编译步骤，在鼠标右键菜单中选择"发布网站"，弹出如图 1-31 所示的对话框，选择本地一个合适的目录，然后单击"确定"按钮，Visual Studio 2005 就自动创建了一个预编译后的文件集合，把该文件夹下的所有文件复制到需要发布的计算机上，然后设置 IIS 就完成应用程序的发布工作了。

图 1-30 "网站项目"右键菜单

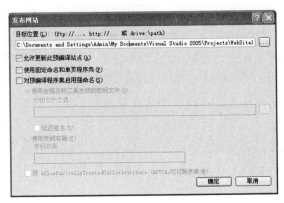

图 1-31 "发布网站"选项

1.4.3 项目调试

有时候开发的程序出现 bug，但又不能确定出现 bug 的代码位置，那么就需要跟踪项目运行的进程，按照代码逻辑路线检查运行一遍，这个过程就叫做调试。用 Visual Studio 2005 进行项目调试非常简单，接下来学习一下使用 Visual Studio 2005 进行网站项目调试的知识。

在介绍调试之前，先来学习一个重要的概念——断点。断点的作用是在调试过程中，当逻辑运行到设置断点的代码位置处时就中断运行，供开发者查看系统运行情况。在代码编辑窗口中，需要设计断点时，在行的左侧灰条处单击鼠标左键即可，如图 1-32 所示。

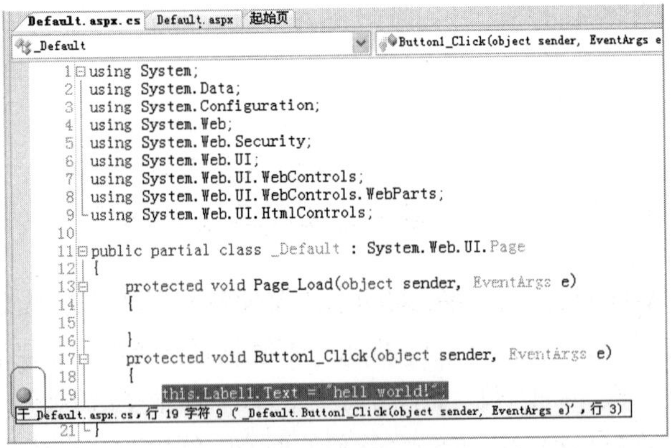

图 1-32 设置调试断点

取消断点也很简单，在标识已设置了断点的红圈上单击鼠标左键就可以取消已经设置的断点。

有多种方式可以开始项目的调试，最简单的方式就是按 F5 功能键。第一次调试时，系统会弹出一个提示——是否自动创建 web.config 的提醒框，单击"确定"按钮继续（除非你真正希望自己建立 web.config 文件）。当项目运行到设置的断点处时，Visual Studio 2005 自动返回编辑窗口，这个时候可以用两种方式查看此时程序的运行情况。其一是将鼠标移动到希望了解的变量上，鼠标下方就显示出该变量目前的赋值情况，如图 1-33 所示；其二就是在"即时窗口"中输入变量的名称，按回车键后自动返回该变量的赋值情况（如果下方的浮动窗口没有"即时窗口"，可以通过选择"调试"菜单，在弹出菜单上选择"窗口"下的"即时"菜单呈现"即时窗口"），如图 1-34 所示。

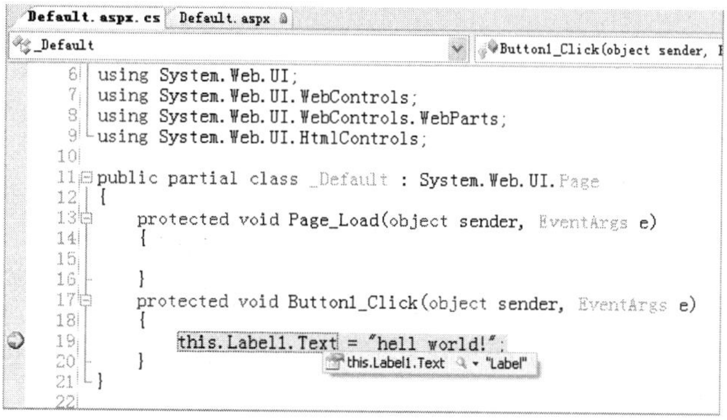

图 1-33　通过代码获得调试信息

图 1-34　通过即时窗口获得调试信息

Visual Studio 2005 还支持在运行期动态改变变量的值和动态改变运行的轨迹，这两个功能极大地方便了调试过程，例如，测试一个除法运算方法，如果想测试完各种情况，要分别在界面中输入大于 0 的数、0 及小于零的数，要做多次调试，而用这两个功能就可以测试完一个值就把运行拉回方法运行前的断点，然后改变除数的值，这样一次就可以方便地测试完各种情况了。

实现动态改变变量的值也很简单，在"即时窗口"中输入代码"this.Label1.Text

="Lable";"然后按回车键就将"this.Label1"的 text 属性的值改变为"Lable"了,具体演示如图 1-35 所示。

实现动态改变运行的轨迹也比较容易,在程序运行到断点时,用鼠标将当前断点拖曳到希望程序执行的位置然后放开鼠标,程序将从新的位置开始执行,这方便调试错误,如果错误没有找到,可以重新执行或跳过已知的错误,操作如图 1-36 所示。

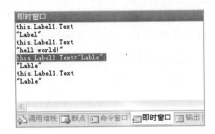

图 1-35　动态改变变量的值

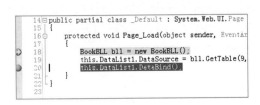

图 1-36　动态改变运行的轨迹

1.5　小结

本章介绍了 Visual Studio 2005 的基础知识,以及常用的创建 Web 项目、数据库和开发调试等方面的基础知识,掌握好这些知识对后面的项目开发会有很大的帮助,Visual Studio 2005 是一个庞大的开发工具,有很多提高开发效率的功能需要读者在日后的开发过程中探索并掌握。

第 2 章　ASP.NET 2.0 介绍

本章介绍 ASP.NET 2.0 的基础知识，是后续 Web 项目开发章节的基础。通过本章的学习，读者可以了解 ASP.NET 2.0 开发的一些常用知识点，这对于以后进行项目开发有很大的帮助。

2.1　ASP.NET 简介

类似于 ASP、JSP 和 PHP，ASP.NET 是一种 Web 开发语言。它是.NET 平台下开发 Web 项目的主要语言。相比较其他的开发语言，ASP.NET 有以下优点。

（1）增强的性能。与其他的解释性语言相比，ASP.NET 的后台代码是经过编译的，所以在执行性能上有更大的优势，它采用了系统缓存和页面缓存技术，从而可以提高应用程序的执行性能。

（2）强大的工具支持。ASP.NET 是.NET 平台中的一员，所以可以使用 Visual Studio 2005 开发、调试和发布 ASP.NET 的应用程序。

（3）强大的控件支持。ASP.NET 包含了各种类型的控件，可以实现所见即所得的控件编辑、数据绑定和输入验证等功能。

（4）强大的事件体系。开发过 WinForm 程序的读者可能惊叹于 Windows 事件的强大之处，而 ASP.NET 可以像 WinForm 一样，开发出方便、强大的事件体系，避免了 Web 程序员在页面提交时对控件状态和事件参数传递等内容进行单独开发。

（5）支持三层或更多层次的开发。通过后台项目的引用实现了多层开发，改变原来 Web 项目开发代码混乱、难以管理的状况，使得 Web 项目开发逻辑更清晰，管理维护更方便。

（6）可扩展性。通过系统配置的应用，提高了项目的可扩展性，新的项目扩展可以通过改变配置文件得到及时、灵活的调整。

（7）强大的安全性。实现了基于 Windows 和 Form 方式的验证体系，提高了项目权限的管理能力，在 SQL 执行方面通过逻辑的统一封装和验证实现了对类似 SQL 注入等安全问题的解决。

目前的 ASP.NET 的版本已经发展到 2.0，与之前的 ASP.NET 1.0 和 ASP.NET 1.1 版本相比，ASP.NET 2.0 有以下新特性。

1. 成员资格管理以及相关控件和数据库的实现

成员管理和角色管理是绝大部分项目必须实现的基础模块，ASP.NET 2.0 实现了对这些功能的统一实现，从代码到控件，再到存储的数据库以及灵活扩展的接口，从 ASP.NET 2.0 开始，Web 项目开发就有了成员资格管理的标准了，这对于多应用系统的集成来说是很有意义的一件事情。

2. 母版页和主题的实现

网页的布局和风格一直是 Web 项目开发中比较灵活或者说是经常变化的，聪明的程序员们花了很大的力气去巧妙地适用变化，如嵌入统一的文件、实现统一的命名等，但是从开发语言上解决该问题无疑是最好的方案。ASP.NET 2.0 就为开发人员带来了布局和样式的解决方案——母版页和主题。

3. ObjectSource 新数据源的加入

以往开发中，如何在 UI 层绑定逻辑层的数据是一件比较麻烦的事情，需要大量的代码去实现，导致 UI 层逻辑太烦琐。ASP.NET 2.0 带来了 ObjectSource 这个新的数据源类型，通过 ObjectSource 可以将控件的数据源与代码中的一个方法的返回值绑定，从而将代码开发变为页面配置，减少了 UI 层的代码。

4. 对文件类型的 SQL Server 2005 数据库的支持

以往开发中，涉及 SQL Server 数据库的开发就要安装 SQL Server 的服务器端或客户端，开始时还要用 SQL Server 的企业编辑器编辑查看数据库状态。在 ASP.NET 2.0 中增加了对文件类型的 SQL Server 2005 数据库的支持，开发 SQL Server 2005 的应用程序时可以方便地将数据库文件复制到项目目录下。

5. 功能更加强大的数据绑定控件的增加

在 ASP.NET 2.0 中增加了更加强大的数据库绑定控件 GridView 和 FormView 等，这些控件使得开发变得更加简单。

6．站点地图功能增加和导航控件的实现

Web 项目的组织依赖链接，而以往的开发中因为链接的改变而产生的代码或页面更改是比较浪费时间的事情，ASP.NET 2.0 通过增加站点地图功能改善了这一点，并且支持扩展的站点地图的应用也增加了该功能使用的灵活性和适应性。

ASP.NET 2.0 的新的特性还有很多很多，这里就不一一描述了，在第二部分和第三部分的学习中利用这些特性开发图书管理系统时将会学习它们。

2.2　ASP.NET 2.0 页面基础

一个 Web 项目的前端呈现是依靠页面来完成的，就如同开发 WinForm 的程序，由一个个窗体组成一样，ASP.NET 的项目是由一个个窗体页面组成的。本节就讲解关于 ASP.NET 页面的基础知识。

2.2.1　ASP.NET 2.0 页面基类

新建一个页面时，会发现页面的第一段是用"<%@ %>"框起来的内容，"<%@ %>"代表什么意思呢？在 ASPX 页面中，用"<%@ %>"框起来表示这部分内容需要服务器端运行，服务器端是指什么？要想彻底地明白，有必要了解一下 ASP.NET 的运行原理。ASP.NET 项目用于实现基于浏览器的客户端浏览，客户端浏览的具体执行内容是由服务器端提供的，一般情况下，执行 ASP.NET 的服务器应用程序是 IIS，也就是说 ASP.NET 的项目部署到服务器上，通过 IIS 的解析，用户就可以用 URL（网址）的方式访问，所有信息的提交、处理的中心都是 IIS，ASP.NET 的代码部分是由服务器端的 IIS 解释执行的。

通过上面的介绍，可以知道页面是在服务器端执行的代码，那么第一段代码的作用是什么呢？答案是配置 Page 类型。ASP.NET 是完全面向对象的，每个 ASPX 页面也是一个对象，这个对象就继承自 Page 对象，如图 2-1 所示，显示了单文件 ASP.NET 网页中的页类的继承模型。

"<%@Page Language=" C# " MasterPageFile=" ~/default.master " AutoEventWireup=" true " CodeFile=" Contact.aspx.cs " Inherits=" Contact " Title=" 关于项目 " %>"这段代码实现的操作就是为 Page 的属性赋值，其中"Language="C#""表示代码是用 C#语言编写，"MasterPageFile="~/default.master""表示使用根目录的 default.master 母版页，

"CodeFile=" Contact.aspx.cs""表示页面所对应的代码文件存放在 Contact.aspx.cs 文件中，"Title="Untitled Page""表示页面的标题是"Untitled Page"。

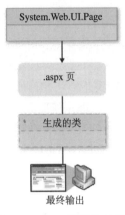

图 2-1　ASPX 页面继承模型

Page 对象应该是 Web 项目开发中最重要的对象之一，它起着关联代码与页面、代码与控件、代码与.NET 框架等关系的作用，是日常开发中频繁使用的对象。下面着重介绍一下 Page 对象。

Page 对象包含了代码与. NET 框架交互的很多重要功能。如表 2-1 所示为 Page 对象的主要组成。

表 2-1　Page 对象主要组成

对　　象	说　　明
Application	为当前 Web 请求获取 HttpApplicationState 对象，用于实现多个会话和请求之间的全局信息共享
Cache	获取与该页驻留的应用程序关联的 Cache 对象，用于实现 Web 应用程序级别的缓存
Request	获取请求的页的 HttpRequest 对象，用于读取客户端在 Web 请求期间发送的值
Response	获取与该 Page 对象关联的 HttpResponse 对象，用于封装来自 ASP.NET 操作的 HTTP 响应信息
Server	获取 HttpServerUtility 类的实例，提供处理 Web 请求的辅助方法
Session	获取 ASP.NET 提供的当前 Session 对象，提供单一会话的会话状态的管理和设置
User	获取有关发出页请求的用户的信息，得到 IPrincipal 的实例

如果读者学习过应用 ASP 做 Web 开发，就会发现 ASP 的几个主要服务器对象在 ASP.NET 中都被 Page 对象所包含，通过 Page 对象可以实现与框架层之间的逻辑交互。在第二部分和第三部分的项目开发中将会具体用到以上介绍的内容。

Page 对象还包含了与页面或控件交互的属性，如表 2-2 所示为 Page 对象的主要属性。

表 2-2　Page 对象的主要属性

属　性	说　明
Controls	获取 ControlCollection 对象，该对象表示 UI 层次结构中指定服务器控件的子控件，可以用这个属性遍历 ASP.NET 页面包含的子控件
ClientScript	获取用于管理脚本、注册脚本和向页添加脚本的 ClientScriptManager 对象。在 Web 开发中，经常需要在 HTML 中动态生成 JavaScript 语句在客户端执行，如操纵控件、验证控件的值呈现或者隐藏 div，在 ASP.NET 2.0 中把对脚本的管理从 1.1 的 Page 对象中转移到 ClientScriptManager 对象中实现
Form	获取页的 HTML 窗体
Header	获取页的文档标头，前提是在页 head 元素声明中用 runat=server 定义
Master	获取确定页的整体外观的母版页
Theme	获取或设置页主题的名称
Title	获取或设置页的标题

Page 对象还包含了页面执行状态等属性，在编码时通过校验这些属性，就可以比较方便地判断页面提交的状态，列举常用属性如表 2-3 所示。

表 2-3　Page 对象的状态属性

属　性	说　明
IsPostBack	获取一个值，该值指示该页是否正为响应客户端回发而加载，或者它是否正被首次加载和访问，多用于数据绑定验证，因为回发后继续执行数据绑定方法，将使数据重复加载
IsValid	获取一个值，该值指示页验证是否成功。多数在页面提交之前判断，如果有必添项没有填写，或者数字类型输入框中被用户输入了字符等情况，调用 IsValid 属性就可以判断是否全部验证通过
IsClientScriptBlockRegistered	确定具有指定关键字的客户端脚本块是否已向页注册，在 ASP.NET 2.0 中已过时，转移到 ClientScriptManager 对象
IsStartupScriptRegistered	确定 Page 对象是否注册了客户端启动脚本，在 ASP .NET 2.0 中已过时，转移到 ClientScriptManager 对象

Page 对象还提供了丰富的方法实现与页面或框架的交互，主要方法如表 2-4 所示。

表 2-4　Page 对象的主要方法

属　性	说　明
FindControl	在页命名容器中搜索指定的服务器控件，可以通过控件 ID 搜索控件
RegisterClientScriptBlock	向响应发出客户端脚本块，脚本注册在<form runat= server> 元素的开始标记后。在 ASP.NET 2.0 中已过时，转移到 ClientScriptManager 对象
RegisterStartupScript	在页响应中发出客户端脚本块，在<form runat= server> 元素的结束标记之前发出该脚本，在 ASP.NET 2.0 中已过时，转移到 ClientScriptManager 对象

2.2.2　ASP.NET 2.0 生命周期

　　页面开发中还要关注页面运行的生命周期，任何一个页面从加载运行到最后呈现都需要经历初始化、控件实例化、还原和维护状态、运行事件处理程序代码以及进行呈现的过程。了解页的生命周期非常重要，这样就能在合适的生命周期阶段编写代码，以达到预期效果，很多属性赋值都有生命周期的限制，如第 7 章中对于母版页和主题的赋值就只能在 Page_PreInit 事件中进行。下面按执行顺序介绍 ASP.NET 的生命周期。如果读者不能很好地理解也没有关系，本书第二部分和第三部分将通过两个阶段的项目来实际演练这个过程，相信在学完本书后，读者会对 ASP.NET 的页面生命周期有清晰的认识。如表 2-5 所示为 ASP.NET 2.0 具体的生命周期。

表 2-5　ASP.NET 2.0 生命周期

阶　　段	说　　明
页请求	页请求发生在页生命周期开始之前。用户请求页时，ASP.NET 将确定是否需要分析和编译页（从而开始页的生命周期），或者是否可以在不运行页的情况下发送页的缓存版本以进行响应
开始	在开始阶段，将设置页属性，如 Request 和 Response。在此阶段，页还将确定请求为回发请求还是新请求，并设置 IsPostBack 属性
页初始化	页初始化期间，可以使用页中的控件，设置每个控件的 UniqueID 属性。此外，任何主题都将应用于页。如果当前请求是回发请求，则回发数据尚未加载，并且控件属性值尚未还原为视图状态中的值。此时可以重写 OnPreInit 方法来处理当页面运行到此阶段时候的逻辑，代码如下： ```\nprotected override void OnPreInit(EventArgs e)\n{\n base.OnPreInit(e);\n}\n```

加载	加载期间，如果当前请求是回发请求，则将使用从视图状态和控件状态恢复的信息加载控件属性。此期间主要是从 Viewstate 中恢复控件状态。可以重写 LoadViewState 方法来处理当页面运行到此阶段时候的逻辑，代码如下：
	
	```\nprotected override void LoadViewState(object savedState)\n{\n base.LoadViewState(savedState);\n}\n```
	常见的 XXX_Load 方法也就是说 OnLoad 方法也在此阶段得到调用。代码如下：
	
	```\nprotected override void OnLoad(EventArgs e)\n{\n base.OnLoad(e);\n}\n```

续表

阶　　段	说　　明
验证	在验证期间，将调用所有验证程序控件的 Validate 方法，此方法将设置各个验证程序控件和页的 IsValid 属性
回发事件处理	如果请求是回发请求，则将调用所有事件处理程序。可以重写 RaisePostBackEven 方法来处理当页面运行到此阶段时候的逻辑，代码如下： ```csharp\nprotected override void RaisePostBackEvent(IPostBackEventHandler sourceControl, string eventArgument)\n{\n base.RaisePostBackEvent(sourceControl, eventArgument);\n}\n``` 由于是回发请求，因此此函数被调用的前提是有继承于 IPostBackDataHandler 的控件产生了回发操作，即 IsPostBack 属性是 true
呈现	在呈现期间，视图状态将被保存到页，然后页将调用每个控件，以将其呈现的输出提供给页的 Response 属性的 OutputStream 在这个阶段，可以添加自定义的页面呈现，代码如下： ```csharp\nprotected override void OnPreRender(EventArgs e)\n{\n base.OnPreRender(e);\n}\nprotected override void OnPreRenderComplete(EventArgs e)\n{\n base.OnPreRenderComplete(e);\n}\npublic override void RenderControl(HTMLTextWriter writer)\n{\n base.RenderControl(writer);\n}\nprotected override void Render(HTMLTextWriter writer)\n{\n base.Render(writer);\n}\nprotected override void RenderChildren(HTMLTextWriter writer)\n{\n base.RenderChildren(writer);\n}\n``` 上面的函数会在页面呈现的时候被依次调用
卸载	完全呈现页、将页发送到客户端并准备丢弃时，将调用卸载。此时，将卸载页属性（如 Response 和 Request）并执行清理

2.3　ASP.NET 2.0 控件介绍

　　在编辑器的工具栏内有两个 TABLE 控件，分别在"标准"和"HTML"组中，这两个有什么区别吗？先不管这些，分别把这它们拖到编辑页面上，可以看到如图 2-2 所示的两个控件。

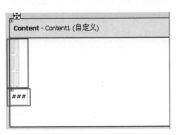

图 2-2　两个 TABLE 控件

　　上面的控件是"HTML"组下的 TABLE 控件，下面的控件是"标准"组中的，可以看到这两个控件在外观上根本就没有什么相似之处，接下来了解一下 ASP.NET 的控件。

2.3.1　ASP.NET 2.0 控件概述

　　在 ASP.NET 的应用开发中，常用的控件主要分为 HTML 控件和 Web 控件两种类型，按照功能的范畴，控件可以分为 HTML 控件、基本 Web 控件、验证控件、数据绑定控件、导航控件、登录控件、用户控件和自定义控件等，其中基本 Web 控件、验证控件、数据绑定控件、导航控件、登录控件都隶属于 Web 控件。具体说明如下：

　　（1）HTML 控件都是 HTML 语言中定义标准的控件，也就是浏览器能够解释的标签，其他类型的控件最终呈现到浏览器端的时候都要被转换为浏览器所能识别的 HTML 标签。

　　（2）基本 Web 控件是 ASP.NET 应用框架封装在服务器端可以交互识别的控件，是 HTML 控件的扩展，用户在浏览器中对 Web 控件作出动作会触发相应的事件，这样 Web 开发就和 Windows 开发一样有强大的界面事件处理机制。

　　（3）验证控件是实现页面控件的输入值类型是否正确、必填项是否已填、填入的值是否在范围内、是否符合要求的格式等方面的验证。

　　（4）数据绑定控件用于绑定数据集，按照用户设计的模板样式最终呈现数据，并实现了开发者常用的排序、分页等强大功能。

（5）导航控件是实现页面导航作用的控件，是 ASP.NET 2.0 新增加的功能，可以和站点地图管理框架结合使用，实现强大的站点导航功能，这部分控件将在第 9 章——站点导航和站点地图中介绍。

（6）登录控件是实现用户注册、登录和注销等用户管理相关的控件，是 ASP.NET 2.0 新增加的功能，可以和底层的用户管理框架组合使用，这部分控件将在第 10 章——成员资格管理中介绍。

（7）用户控件是组合现有的控件来实现控件的复用或者特殊功能，是存储 HTML 标签和 Web 服务器控件的容器。

（8）自定义控件是从 Control 或 WebControl 派生新类，以实现新的控件，用于实现特殊的功能要求，这方面对技术的要求比较高，本书就不涉及了，感兴趣的读者可以翻阅相关的专业书籍。

所有控件都继承 Control 或 WebControl 类，所以很多属性、方法和事件都是通用的，下面先来学习这些通用的属性、方法和事件，如表 2-6、表 2-7、表 2-8 所示。

表 2-6　控件常用属性列表

属　　性	说　　明
ClientID	获取由 ASP.NET 生成的服务器控件标识符。在动态生成 JavaScript 时，用 ClientID 获得最终 HTML 中控件生成的标签的 ID
ID	获取或设置分配给服务器控件的编程标识符
UniqueID	获取服务器控件的唯一的、以分层形式限定的标识符
SkinID	获取或设置应用于控件的外观
Parent	获取对页 UI 层次结构中服务器控件的父控件的引用
Controls	获取 ControlCollection 对象，该对象表示 UI 层次结构中指定服务器控件的子控件
Visible	获取或设置一个值，该值指示服务器控件在最终呈现 HTML 时是否可见

这里重点介绍一下 ClientID 和 ID 两个属性的差别。ID 是用于唯一标识服务器控件的，但会出现一个控件在最终产生的 HTML 中不唯一，原因可能是两个不同的组合控件中有相同的 ID 的控件或控件最终成生多个重复项，如数据绑定控件，这样最终的 HTML 中某些标签就可能出现重名现象，所以在生成 HTML 时 ASP.NET 为页上的各个服务器控件自动生成一个唯一的 ClientID 值；ClientID 值是通过连接控件的 ID 值和它的父控件的 UniqueID 值生成的。ClientID 值经常用于以编程方式访问为客户端脚本中的控件呈现的 HTML 元素。

表 2-7　控件常用方法列表

方　　法	说　　明
DataBind	将数据源绑定到被调用的服务器控件及其所有子控件
FindControl	在当前的命名容器中搜索指定的服务器控件
Focus	为控件设置输入焦点

　　FindControl 方法和 Controls 属性都是为了实现查找或遍历控件中的子控件功能，一般在容器控件中操作子控件经常使用它们。DataBind 方法则主要用于数据绑定控件，在为控件的 DataSource 属性赋值后或者数据源中数据产生变化后，调用 DataBind 方法实现空间的数据绑定，在后面的开发实例中会遇到这种情况。

表 2-8　控件常用事件列表

事　　件	说　　明
DataBinding	当服务器控件绑定到数据源时发生
Init	当服务器控件初始化时发生；初始化是控件生命周期的第一步
Load	当服务器控件加载到 Page 对象中时发生
PreRender	在加载 Control 对象与其呈现之间发生
Unload	当服务器控件从内存中卸载时发生

　　控件和页面一样也是有生命周期的，它的事件就是将各个生命周期发生以事件的方式暴露出来，以方便开发。控件的生命周期按照 Init→Load→DataBinding→PreRender→Unload 次序进行。

　　下面将接着介绍以后经常用到的 HTML 控件和 Web 控件的一些基本知识和它们之间的差异。

2.3.2　HTML 控件

　　HTML 控件和 HTML 标签看上去差异不大，ASP.NET 为 HTML 控件增加一个 runat="server"属性，就是因为这个属性，才使得 HTML 控件成为服务器控件，也就是在后台代码中可以访问和设置服务器控件的属性，而非服务器控件，用户只能在页面呈现时通过 Response Write 方法动态改变控件属性如果是非服务器控件，如在后台代码中定义一个 public 类型的变量，代码如下：

```
public string hello = "hello";
```

　　然后，ASP.NET 页面中调用该变量赋值，代码如下：

```
<input ID="Text1" type="text" value="<%=hello %>" />
```

如果是服务器控件，就可以更加灵活了，将 ASP.NET 页面中控件增加 runat="server" 属性，代码如下：

```
<input ID="Text1" type="text" runat="server" />
```

在后台代码中就可以访问该控件的属性，也可以为控件属性赋值了。代码如下所示。

```
protected void Page_Load(object sender, EventArgs e)
{
    Text1.Value = "hello";
    string txt = Text1.Value;
}
```

HTML 控件主要分为输入控件和容器控件两种类型，每个控件都对应了 HTML 中的某一个标签，所有 HTML 控件都直接或间接继承自 HTMLControl 类，所有 HTML 控件都具有如表 2-9 所示的属性。

表 2-9　HTML 控件常用属性列表

属　　性	说　　明
Attributes	获取在选定的 ASP.NET 页中的服务器控件标记上标识的所有属性名称/值对
Disabled	获取或设置一个值，该值指示在浏览器上呈现 HTML 控件时是否包含 disabled 属性。若包含该属性将使输入控件成为只读控件
Style	获取控件的所有级联样式表 (CSS) 属性
TagName	获取控件的标签名称
Visible	获取或设置一个值，该值指示控件是否显示在页面上

HTML 的输入控件包括 HTMLInputText,HTMLInputPassword,HTMLInputButton,HTML InputSubmit,HTMLInputReset,HTMLInputCheckBox,HTMLInputImage,HTMLInputHidden,HT MLInputFile 和 HTMLInput RadioButton，等等。它们都继承自 HTMLInputControl 类，它们的共同属性如表 2-10 所示。

表 2-10　HTML 的输入控件共同属性列表

属　　性	说　　明
Name	获取或设置 HTMLInputControl 控件的唯一标识符名称
Value	获取或设置与输入控件关联的值
Type	获取输入控件的类型

在输入控件中应该注意的是 HTMLInputFile 和 HTMLInputHidden。HTMLInputFile

控件可以处理从浏览器客户端向服务器上载的二进制文件或文本文件。实现文件上传还有一个限制，就是须将 HTMLForm 控件的 Enctype 属性设置为"multipart/form-data"，Form 提交后，可以用该控件对象的 PostedFile 属性中包含的 SaveAs 方法将文件保存到服务器端。HTMLInputHidden 控件多用于页面上的参数传递，可以将一些无须让用户看到的信息赋给 HTMLInputHidden 控件。

　　HTML 的容器控件包括 HTMLTableCell,HTMLTable,HTMLTableRow,HTMLButton, HTMLForm,HTMLAnchor,HTMLGenericControl,HTMLSelect 和 HTMLTextArea 等控件，它们都继承自 HTMLContainerControl，它们的共同属性如表 2-11 所示。

表 2-11　HTML 的容器控件共同属性列表

属　　性	说　　明
InnerHTML	获取或设置指定的 HTML 控件的开始和结束标记之间的内容。InnerHTML 属性不会自动将特殊字符转换为 HTML 实体
InnerText	获取或设置指定的 HTML 控件的开始和结束标记之间的所有文本。与 InnerHTML 属性不同，InnerText 属性会自动将特殊字符转换为 HTML 实体

2.3.3　Web 控件

　　Web 控件是 HTML 服务器控件的替代品，Web 控件与 HTML 控件相比，在方便设计、更多的属性和事件等方面做了改进，可以实现更加强大的网页功能。Web 控件的标签名是用"ASP:"开头的，如 TextBox 控件的标签名就是"ASP: TextBox"。

　　接下来通过比较 HTML 控件的 TABLE 控件和 Web 控件的 TABLE 控件来看看两类控件的差异。首先来看控件的属性，HTML 控件的 TABLE 控件的属性基本上是 HTML 中 TABLE 标签的属性，如图 2-3 所示。

图 2-3　HTML 控件类型 TABLE 控件属性

而 Web 控件中的 TABLE 的属性却多了 SkinID、CssClass 等主题属性，便于将整个网站的相同控件用统一的风格，还多了 Rows 这样的可以动态添加行数据的属性，如图 2-4 所示。

图 2-4　Web 控件类型 TABLE 控件属性

从上面的比较中，可以发现 Web 控件与 HTML 控件相比，有更高的拓展性和灵活性，在代码动态处理上有很大的优势。

Web 控件相对于 HTML 控件在种类方面也丰富许多，Web 控件可以分为输入控件、按钮类控件、数据绑定控件、登录类控件和导航类控件，具体各种 Web 控件的使用会在后面的章节中详细介绍。

在了解了 HTML 控件和 Web 控件后，还需要了解验证相关类型的控件，验证控件为 HTML 控件和 Web 控件提供了验证的功能，如表 2-12 所示为主要的验证控件。

表 2-12　主要的验证控件

控 件 名	说　　明
RequiredFieldValidator	必需项，要求用户必须填写或选择，确保用户不会跳过某一项
CompareValidator	通过比较与固定值或其他控件值的大小或是否相等，从而限制用户输入的内容
RangeValidator	检查用户的输入是否在指定的上下限内。可以检查数字对、字母对和日期对限定的范围
RegularExpressionValidator	检查项与正则表达式定义的模式是否匹配。此类验证能够检查可预知的字符序列，如电子邮件地址、电话号码、邮政编码等内容中的字符序列
CustomValidator	自定义验证输入控件，使用开发者编写的验证逻辑检查用户输入

实现对控件的验证很简单，只需要在界面上合适的位置拖入验证控件，并进行简单的配置。通常的配置项包含选择需要验证的控件和修改错误提示两个最基本的操作，如图 2-5 所示。

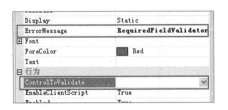

图 2-5　验证控件属性设置 1

ErrorMessage 属性就是描述验证失败时验证控件显示的文本内容，ControlToValidate 控件则是选择对界面上的输入控件进行验证。

对于比较等复杂的验证，可能还需要设置其他的属性，这里就举 CompareValidator 控件的例子来说明如何配置该控件，如图 2-6 所示。

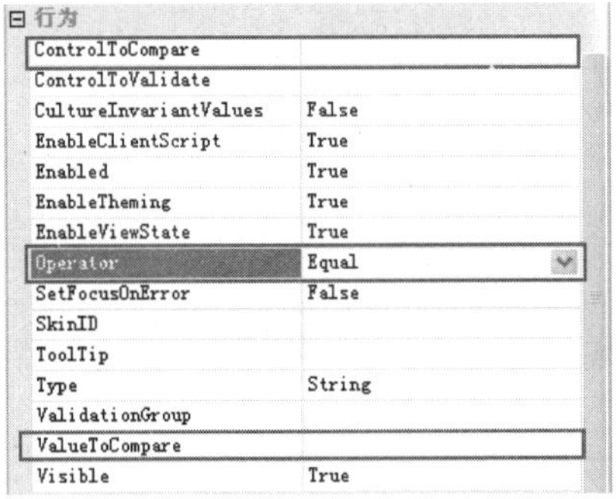

图 2-6　验证控件属性设置 2

ControlToCompare 属性是选择与验证控件验证的输入控件比较的控件，Operator 属性是选择比较的运算符，是等于、不等于或大于、小于，ValueToCompare 属性用于填写比较的固定值。

其他的验证控件的使用方法就不一一介绍了，最后介绍一个验证控件在 ASP.NET 2.0 中增加了的新属性——ValidationGroup，在以前的 ASP.NET 的开发中，填写用户提交信息的页面一般有"提交"和"取消"按钮。很多的界面出现一个很好笑的 bug，就是单击"取消"按钮时候，控件验证依然有效，必须让用户填写完整才能取消，在 ASP.NET 2.0 中，通过增加 ValidationGroup 属性解决了这个问题，就是把控件和用于提交的按钮编成组，相同组的控件才会在按钮被单击时验证，验证控件设置如图 2-7 所示。

按钮控件设置如图 2-8 所示。

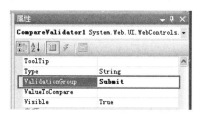

图 2-7　验证控件分组

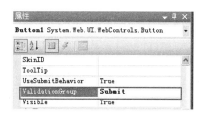

图 2-8　验证激活控件组设置

按钮和验证控件同属于"Submit"组，所以单击按钮即可验证"Submit"的验证控件。

2.4　ASP.NET 2.0 运行配置

Web 项目中有些数据或资源是需要根据运行环境的不同而进行灵活调整的，例如，数据库连接、访问权限设置、选用的主题皮肤等，都需要在运行期访问配置文件。ASP.NET 2.0 采用固定的配置文件来实现运行期的配置，这个文件被命名为 web.config，它可对一个应用程序进行配置，也可以对某个目录进行配置。

2.4.1　web.config 组成

web.config 是 XML 文件，用来存储 ASP.NET 的应用程序配置，它的根元素是 configuration 元素。configuration 元素主要由以下三个子节点组成。

（1）connectionStrings：用于配置连接字符串的节点。

（2）appSettings：应用程序配置节点。

（3）system.web：Web 项目配置的主要节点，结构如下：

```
<system.Web>
  <anonymousIdentification>
  <authentication>
  <authorization>
  <browserCaps>
  <caching>
  <clientTarget>
  <compilation>
  <customErrors>
  <deployment>
  <deviceFilters>
  <globalization>
  <healthMonitoring>
```

```
        <hostingEnvironment>
        <HTTPCookies>
        <HTTPHandlers>
        <HTTPModules>
        <HTTPRuntime>
        <identity>
        <machineKey>
        <membership>
        <mobileControls>
        <pages>
        <processModel>
        <profile>
        <roleManager>
        <securityPolicy>
        <sessionPageState>
        <sessionState>
        <siteMap>
        <trace>
        <trust>
        <urlMappings>
        <WebControls>
        <WebParts>
        <WebServices>
        <xHTMLConformance>
    </system.Web>
```

在后边的项目开发中会根据开发的情况出现对 web.config 文件配置节点的解释，其余节点的意义请读者查阅 MSDN 的具体解释，此处就不多加介绍了。

2.4.2　web.config 编辑

有两种方式可以编辑 web.config 文件，即直接编辑和使用工具编辑。

直接编辑 web.config 文件是比较常用的方法，web.config 文件是文本类型的 XML 文件，任何文本编辑软件或 Visual Studio 2005 都可以方便地编辑它，但是需要编辑者对各个节点的元素、属性和内容很熟悉。

使用工具编辑主要用于项目部署后配置 web.config 文件，可以在 IIS 管理中实现这个功能，详细步骤如下：

（1）打开 IIS 管理器，并在网站节点下的项目发布节点上单击鼠标右键，在菜单中选择"属性"子菜单，将出现如图 2-9 所示的界面。

图 2-9　IIS 网站属性

（2）在图 2-9 的 "ASP.NET" 标签页中选择编辑配置，将会出现如图 2-10 所示的配置页面。

图 2-10　网站配置设置

（3）在配置页面中进行配置，单击"确定"按钮后将配置的内容写到 web.config 文件中。

2.4.3 web.config 访问

可以在 ASP.NET 应用程序运行时访问配置设置，WebConfigurationManager 类主要提供了访问 web.config 的主要方法。以下代码演示了如何访问 web.config 文件中配置的连接字符串。

```
ConnectionStringsSection connectionStringsSection =
    WebConfigurationManager.GetSection("connectionStrings")
    as ConnectionStringsSection;

ConnectionStringSettingsCollection connectionStrings =
        connectionStringsSection.ConnectionStrings;
```

2.5 浏览器与服务器通信基本类

通过前边的学习可以知道，ASP.NET 应用程序起到在浏览器和服务器之间通信的作用。浏览器发出的页面请求，被传递到 Web 服务器后，相应的 ASP.NET 页面将被加载到进程中，服务器处理完毕后将结果返回给浏览器，执行的路线如图 2-11 所示。

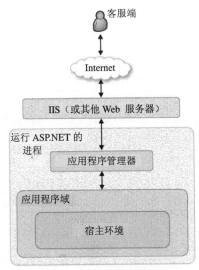

图 2-11 网页执行路径

所以 ASP.NET 中用于浏览器和服务器通信的相关类是 ASP.NET 开发中比较重要的类，一般 Web 项目开发经常用到的类是 HttpRequest,HttpResponse,HttpServerUtility。

2.5.1　HttpRequest

　　HttpRequest 类主要用于取客户端在 Web 请求期间发送的 HTTP 值，这些值可以是不同的来源，主要有以下几种。

- 来自于 URL 的字符串变量集合，使用 QueryString 属性获取；
- 来自于提交数据的变量集合，使用 Form 属性获取；
- 客户端发送的 Cookie 的集合，使用 Cookies 属性获取。

　　HttpRequest 获取的值是名称/值对的字典，所以需要用["名称"]的方式来访问对应的值。

　　因为 HttpRequest 类可以获取客户端发送的 HTTP 值，所以在 ASP.NET 网页之间传递值的应用中经常使用，例如，在图书目录浏览页面中，单击目录树的某个节点，浏览器将会转向到 "ShowBookDetail.aspx？ID=*" 的页面，这样在 ShowBookDetail.aspx 页面中用 Request.QueryString["ID"] 就可以访问 URL 传递的 ID 的值了。

　　前面学习过在 ASP.NET 开发中，HTML 控件是不能被后台代码访问的，除非是其成为服务器控件，所以如果页面提交后，可以通过 Request.Form["控件名称"] 的方式访问提交 HTML 控件所提交的值。

　　HttpRequest 类的 Cookies 属性用来读取客户端的 Cookie 的集合，可以通过类似于 Request.Cookies["UserSettings"] 的方式访问客户端提交时 Cookie 的值。

　　除了能够获取上述的三个主要的 HTTP 的值，HttpRequest 类还可以获取其他类型的提交值，这也是经常需要处理的，如表 2-13 所示为该类的主要成员。

表 2-13　HttpRequest 类主要成员

属 性 名	说　　明
Browser	获取或设置有关正在请求的客户端的浏览器功能的信息
ContentEncoding	获取或设置实体主体的字符集
ContentType	获取或设置传入请求的 MIME 内容类型
FilePath	获取当前请求的虚拟路径
Files	获取采用多部分 MIME 格式的由客户端上传的文件的集合
Headers	获取 HTTP 头信息集合
HttpMethod	获取客户端使用的 HTTP 数据传输方法（如 GET,POST 或 HEAD）
InputStream	获取传入的 HTTP 实体主体的内容
Path	获取当前请求的虚拟路径
UrlReferrer	获取有关客户端上次请求的 URL 的信息，该请求链接到当前的 URL
UserAgent	获取客户端浏览器的原始用户代理信息
UserHostAddress	获取远程客户端的 IP 主机地址
UserHostName	获取远程客户端的 DNS 名称
UserLanguages	获取客户端语言首选项的排序字符串数组

下面用一个简单的例子来演示一下 HttpRequest 类的各个属性的应用。这里实现一个简单的页面，提交后，将页面中提交的信息通过 HttpRequest 类的属性获得并显示出来。

操作步骤

（1）创建 Web 窗体：创建一个 Web 窗体，并将以下代码复制到 ASPX 文件的 Form 标签内。

```
<div>
    <asp:TextBox ID="TextBox1" runat="server" Height="291px" TextMode=
"MultiLine" Width="494px"></asp:TextBox><br />
    <asp:Button ID="Button1" runat="server" Text="提交" />
</div>
```

（2）实现编码：在 Web 窗体的代码页的 Page_Load 方法中增加以下代码。

```
if (IsPostBack)
{
        StringBuilder strBuilder = new StringBuilder();
        strBuilder.Append("QueryString:");
        for (int i = 0; i < Request.QueryString.Count; i++)
        {
            strBuilder.Append(Request.QueryString.AllKeys[i]);
            strBuilder.Append("=");
            strBuilder.Append(Request.QueryString[i]);
            strBuilder.Append(";");
        }
        strBuilder.Append("\r\n");
        strBuilder.Append("Form:");
        for (int i = 0; i < Request.Form.Count; i++)
        {
            strBuilder.Append(Request.Form.AllKeys[i]);
            strBuilder.Append("=");
            strBuilder.Append(Request.Form[i]);
            strBuilder.Append(";");
        }
        strBuilder.Append("\r\n");
        strBuilder.Append("Browser:");
        strBuilder.Append(Request.Browser.Browser);
        strBuilder.Append("\r\n");
        strBuilder.Append("ContentEncoding:");
```

```
        strBuilder.Append(Request.ContentEncoding.EncodingName);
        strBuilder.Append("\r\n");
        strBuilder.Append("Path:");
        strBuilder.Append(Request.Path);
        strBuilder.Append("\r\n");
        strBuilder.Append("UserHostName:");
        strBuilder.Append(Request.UserHostName);
        this.TextBox1.Text = strBuilder.ToString();
    }
```

运行效果如图 2-12 所示。

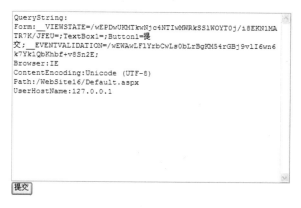

图 2-12　HttpRequest 类开发演示

2.5.2　HttpResponse

HttpRequest 类是一个封装 HTTP 提交信息的类型，而封装 HTTP 输出信息的类型就是 HttpResponse 类，使用 HttpResponse 类可以实现三种类型的输出，即文本、URL、二进制流。

实现这三类的属性和方法分别介绍如下：

（1）文本的输出。在日常开发中，后台中的文本可能需要输出到浏览器中，让用户浏览，这就需要实现动态 HTML 的输出，使用 HttpResponse 类的 Write 静态方法可以实现，例如，希望在浏览器上显示一个"hello world!"的字样时，可以在 Page_Load 方法中增加如下代码，就可以实现。

```
Response.Write("hello world!");
```

（2）URL 的输出。程序开发经常需要根据情况将用户浏览的界面重定向到其他页面，例如，用户在没有登录的状态下查看自己的信息，系统需要首先将其转向到登录页

面,登录成功后再转回信息浏览页,实现 URL 的输出可以使用 HttpResponse 类的 Redirect
方法实现,代码如下:

```
Response.Redirect("HTTP://www.sokezone.com");
```

(3) 二进制流。有时需要将服务器上的文件提供给用户下载,或者在浏览器端动
态生成一幅图片,例如,验证的实现要求将二进制流输出到用户浏览器中。再如,要实
现图书图片浏览,其输出的代码如下:

```
context.Response.ContentType = "image/jpeg/gif";
context.Response.Cache.SetCacheability(HTTPCacheability.Public);
    context.Response.BufferOutput = false;
Int32 ID = -1;
Stream stream = null;

if (context.Request.QueryString["bookID"] != null)
{
    ID = Convert.ToInt32(context.Request.QueryString["bookID"]);
    stream = BookManager.GetImage(ID);
    if (stream != null)
    {
        const int buffersize = 1024 * 16;
        byte[] buffer = new byte[buffersize];
        int count = stream.Read(buffer, 0, buffersize);
        while (count > 0)
         {
            ontext.Response.OutputStream.Write(buffer, 0, count);
            count = stream.Read(buffer, 0, buffersize);
         }
    }
}
```

这里首先定义输出的二进制流的类型,代码为“context.Response.ContentType =
"image/jpeg/gif"”,可见类型是 image 类型,然后使用 Response.OutputStream.Write()
方法将二进制流输出到浏览器。

2.5.3 HttpServerUtility

HttpServerUtility 类是处理 Web 请求的工具类,最经常用到的方法是对 HTML 和
URL 的编码和解码,如表 2-14 所示为该类主要成员的使用方法和说明。

表 2-14　HTTPServerUtility 类主要成员

方 法 名	说　　明
HTMLDecode	对已被编码的字符串进行解码
HTMLEncode	对要在浏览器中显示的字符串进行编码
UrlDecode	对字符串进行解码，该字符串为了进行 HTTP 传输而编码，并在 URL 中发送到服务器
UrlEncode	编码字符串，以便通过 URL 从 Web 服务器到客户端进行可靠的 HTTP 传输

在 HttpResponse 类中，读者学习了如何将文本和 URL 输出给浏览器，但是有个很重要的安全问题没有注意，只是简单地将字符串 Response.Write 放到网页上可能引发跨站点脚本攻击，因为输出的内容中可能有恶意脚本的存在。为了保证安全，必须在数据输出之前进行 HTML 的转换，这就用到了 HttpServerUtility 类的 HTMLEncode 方法，同样经过 HTMLEncode 方法转换的字符串可以在代码中利用 HTMLDecode 进行解码。使用方法如下：

```
String TestString = "This is a <Test String>.";
String EncodedString = Server.HTMLEncode(TestString);
String DncodedString = Server.HTMLDecode(EncodedString);
```

在 URL 重定向或为 URL 赋值时经常会遇到类似中文或特殊字符等问题，在某些浏览器中，像 "?"、"&"、"/" 和空格这样的字符可能会被截断或损坏，所以必须在重定向或赋值前将这些字符串转换，同样遇到对转换后字符的恢复时，需要对转换后的字符进行解码操作。使用方法如下：

```
String MyURL;
MyURL = "HTTP://www.sokezone.com/articles.aspx?title = ASP.NET Examples";
String urlEncode = Server.UrlEncode(MyURL);
Response.Write( "<A HREF = " + urlEncode +  "> ASP.NET Examples <br>" );
String urlDecode = Server.UrlDecode(urlEncode);
```

2.6　ASP.NET 状态管理

Web 本质上是无状态的；对页面的每个请求都将被视为新请求，而且默认情况下，来自一个请求的信息对下一个请求不可用。为了帮助克服此基于 Web 的应用程序的固有限制，ASP.NET 包含许多用于管理状态（即用于存储请求之间的信息）的功能。ASP.NET 的状态管理按状态值存储的位置可以分为客户端状态管理和服务器端状态管理，下面分别介绍一下其各自的实现原理。

2.6.1　客户端的状态管理

客户端的状态管理就是在客户端、服务器之间的多次请求—应答期间，服务器上不保存信息，信息将被存储在网页或用户的计算机上。客户端状态管理主要有 4 种方式：Cookie、隐藏域、视图状态、查询字符串。

1．Cookie

Cookie 是存储在客户端文件系统的文本文件或客户端浏览器对话的内存中的一段数据，主要用来跟踪数据设置。Cookie 中包含了各个站点的特征信息，并且随网页输出一起由服务器发送到客户端。Cookie 可以是临时的（具有特定的过期时间和日期），也可以是永久的，很多网站的自动登录就是利用 Cookie 这个时间特性来实现自动登录的时效性。

在上一节中介绍过，Cookie 的操作是由 HttpRequest 类来实现的，下面举例说明，假设要定制一个欢迎页面，当用户请求默认的页面时，应用程序会首先检查用户在此前是否已经注册，这时可以从 Cookie 中获取用户的信息，代码如下：

```
if (Request.Cookies["username"]!=null) {
    lbMessage.text="Dear "+Request.Cookies["username"].Value+", Welcome! ";
}
else
{
    lbMessage.text="Welcome! ";
}
```

如果要存储用户的资料，可以使用下面的代码。

```
Response.Cookies["username"].Value=username;
```

这样，当用户请求该网页时，就可以方便地识别该用户。

2．隐藏域

隐藏域不会显示在用户的浏览器中，但可以像设置标准控件的属性那样设置其属性。当一个网页被提交给服务器时，隐藏域的内容和其他控件的值一块被送到 HTTP Form 集合中。隐藏域可以是任何存储在网页中的与网页有关的信息的存储库，隐藏域在其 value 属性中存储一个变量，而且必须被显式地添加在网页上。

ASP.NET 中的 HTMLInputHidden 控制提供了隐藏域的功能。

```
protected System.Web.UI.HTMLControls.HTMLInputHidden Hidden1;
```

```
//给隐藏域赋值
Hidden1.Value="this is a test";
//获得一个隐藏域的值
string str=Hidden1.Value;
```

> **提 示**　要使用隐藏域，就必须使用 HTTP-Post 方法提交网页。尽管其名字是隐藏域，但它的值并不是隐藏的，可以通过"查看源代码"功能找到它的值。

3. 视图状态

VieweState（服务器控件的视图），是 ASP.NET 新增的管理控件状态的新特性，它自动保持网页和控件状态的内置结构，这意味着在向服务器提交网页后，无须采取任何措施来恢复控件的数据。

在这里，有用的是 ViewState 属性，可以利用它来保存与服务器之间多次的请求—应答期间的信息。示例如下：

```
//保存信息
ViewState.Add("shape","circle");
//获取信息
string shapes=ViewState["shape"];
```

> **注 意**　与隐藏域不同的是，在使用查看源代码功能时，ViewState 属性的值是不可见的，它们是被压缩和加密的，所以使用 ViewState 进行状态的管理有一定的保密性，但是因为 ViewState 比较大并且每次提交都要随着网页提交，在服务端也需要被解密，所以造成 ASP.NET 的性能下降，在开发高性能 ASP.NET 应用时，ViewState 会被建议禁用。

4. 查询字符串

查询字符串是在页 URL 的结尾附加的信息，查询字符串提供了一种简单却受限制的维护状态信息的方法，可以方便地将信息从一个网页传递给另一个网页，但大多数浏览器和客户端装置都把 URL 的长度限制在 255 个字符。此外，查询值通过 URL 传递给服务器，因此，在有些情况下，安全就成了一个需要考虑的问题，很多系统中用查询字符串传递参数，却没有考虑权限验证的问题，给系统的安全留下很大的隐患。例如，很多邮件系统就是通过查询字符串来查看邮件的，所以邮件的内容可以被别人在 Google 中搜索并浏览。

带有查询字符串的 URL 代码如下：

```
HTTP://www.examples.com/list.aspx?categoryID=1&productID=101
```

当有客户端请求 list.aspx 后，可以通过下面的代码获取目录和产品信息。

```
String categoryID;
String productID;
categoryID=Request.Params["categoryID"];
productID=Request.Params["productID"];
```

2.6.2　服务器端的状态管理

服务器端状态管理就是不在客户端存储系统或用户的状态，而是存储在服务器上，这样就提高了安全性，用户不能通过修改提交信息而修改传递的状态的值，但使用服务器端状态管理会占用较多的 Web 服务器资源。服务器端状态管理主要有以下三种方式，分别是全局的应用程序状态、会话状态、数据库或文本资源。

1．全局的应用程序状态——Application

Application 对象提供了一种可以让所有在 Web 应用服务器中运行的代码访问的存储数据的机制，插入应用程序对象状态变量的数据应该能够被多个对话共享，而且不会频繁地改变。正因为它能够被全部应用程序所访问，因此，需要使用 Lock 和 UnLock 避免其中的值出现冲突。

利用以下代码取得 Application 存储的值。

```
if (Application["mydata "] != null)
{
    String mydata = (String)Application["mydata "];
}
```

利用以下代码为 Application 赋值。

```
Application.Lock();
Application["mydata"]="mydata";
Application.UnLock();
```

2．会话状态——Session

Session 对象可以用来存储需要在服务器的多次请求——应答期间和对网页的请求期间进行维护的指定对话的信息。Session 对象是每个对话存在的基础，也就是说，不同的客户端生成不同的 Session 对象。存储在对话状态变量中的数据存在的周期较短，和 Application 的全局性不同，Session 对象是针对某个对话共享的。读者可以认为对话就是一个浏览器的进程，例如，用浏览器登录后，使用该浏览器访问任何页都可以获得相同的 Session，而重新打开一个浏览器却无法得到相同的 Session。

存储和读取 Session 的方法很简单，代码如下：

```
//存储信息
Session["myname"]= "Mike";
//获得信息
myname=Session["myname"];
```

3. 数据库或者文本资源

在 ASP.NET 2.0 新增的成员管理中，有一个应用于配置管理的模块——Profile，它也实现了 Provider 模式，可以通过自定义 ProfileProvider 的方式扩展配置管理的存储。ASP.NET 提供了一个 SqlProfileProvider 类，能够将配置文件数据存储到 SQL 数据库中。要使用配置文件，首先应通过修改 ASP.NET Web 应用程序的配置文件来启用配置文件，可以在 web.config 中增加 Profile 节，代码如下：

```
<profile>
  <properties>
    <add name="myname" />
  </properties>
</profile>
```

然后就可以直接访问或为其赋值了，代码如下：

```
Profile.myname = "Mike";
String myName= Profile.myname;
```

2.7　小结

本章介绍了 ASP.NET 2.0 的基础知识，虽然略显枯燥，却为后面的项目实战打下了坚实的基础。

第 3 章　C#语言的基本语法

通过上一章的学习，读者应该已经了解了 ASP.NET 是开发 Web 项目的框架，而业务逻辑实现以及与数据库交互都是通过 C#或 VB.NET 等开发语言实现的，本章将学习 C#语言的一些基础知识。

3.1　C#语言介绍

C#语言是.NET 平台中主流的开发语言，是完全面向对象的编程语言。C#语言是在 2002 年伴随着 VS.NET 1.0 的诞生而诞生，目前 C#语言正式的版本是 2.0，C# 3.0 将在 2008 年正式推出。C#语言是目前比较流行的语言之一，很多商业的、开源的网站和软件都是使用 C#语言开发的，C#语言在智能设备应用和 RIA 应用中也是主流的开发语言。

C#语言是在 Java 和 C++等开发语言的基础上开发的，它的代码风格与 Java 类似。本书的 ASP.NET 开发的后台代码就是通过 C#语言来实现的。

下面，通过一个 Hello World 的例子来了解一下 C#语言的语法风格，代码如下：

```
using System
public Class Hello
{
    //定义变量
    private string txt = "hello world!";

    //实现方法
    public string GetTxt ()
    {
        return this.txt;
    }
}
```

可以看到 C#语言的基本语法风格如下：

（1）与其他 C 风格的语言一样，每条语句必须用一个分号(;)结尾；

（2）用花括号{}将语句组合为块；

（3）用//或/* */添加注释。

3.2　C#的数据类型

C#数据类型可以分为值类型和引用类型两类。它们的主要区别是存储访问和初始化的方式不同。

3.2.1　值类型

值类型的实例通常分配在线程的堆栈上，值类型实例的变量不包含指向实例的指针——变量本身即包含了实例所有的内容。将一个值类型的实例赋值给另一个值类型的实例，就是在堆栈中另分配一块内存空间，也就是说赋值后两个实例没有任何联系，改变一个实例的值不会影响另外一个实例的内容，如以下代码。

```
int i = 2 ;
int n = i ;
i=i+2 ;
Console.WriteLine(i);  //4
Console.WriteLine(n);  //2
```

1．C#中预定义的值类型

（1）整型：C#有 8 种整型类的数据类型，其中主要的是 Int32。

（2）浮点类型：有单精度 float 和双精度 double 两种类型。

（3）decimal 类型：有更高精度的数据类型。

（4）布尔类型：bool 类型，与 0、1 不能进行转换。

（5）字符类型：char 类型是值类型的字符表示类型。

2．C#中自定义的值类型

除了 C#预定义的基本类型外，还有两种自定义的值类型，分别是结构和枚举。

（1）结构。结构应用类似于类，是一个轻量级的类的应用，在一些特殊的情况下，如须考虑系统性能时可使用结构。结构也是由数据和行为组成的，与类不同的是结构不能继承。使用 struct 关键字定义结构，示例代码如下：

```
public struct Book
```

```
{
    public string bookName;
    public string bookNo;
    public int bookNum;
}
```

使用结构也很简单，代码如下：

```
Book book;
book.bookName = "ASP.NET 技术开发";
book.bookNo = "56464646";
book.bookNum=10;
```

可以使用 new 关键字来初始化结构，结构也可以使用构造函数，但是无参数的默认构造函数由编译器提供，不允许替换。

（2）枚举。枚举是用户定义的整数类型。枚举的意义在于它更好地实现了代码的可读性和数据的复用性。设想一下，在系统中定义红颜色，使用 color.red 比较容易理解还是用 255255 比较容易理解。使用 enum 关键字定义枚举，示例如下：

```
public enum BookType
{
    language=0,
    internet=1,
    novel=2
}
```

使用也很简单，代码如下：

```
BookType bookType = BookType.language;
```

3.2.2　引用类型

引用类型总是从托管堆上分配。C#的 new 操作符返回的就是对象位于托管堆中的内存地址——该内存地址指向对象占用的数据位。将一个引用类型的实例赋值给另一个引用类型的实例就是将该实例的指针赋给另一个实例，也就是说赋值后两个实例指向同一个内存块，改变一个实例的值自然就改变另外一个实例的内容，示例如下所示。

先定义一个类，代码如下：

```
class Hello
{
    private string helloTxt;
    public string HelloTxt
```

```
    {
        get { return this.helloTxt; }
        set { this.helloTxt = value; }
    }

    public Hello(string text)
    {
        helloTxt = text;
    }
}
```

然后使用该类，代码如下：

```
Hello hello1 = new Hello("hello world!");
Hello hello2 = hello1;
hello1.HelloTxt = "hello";
Console.WriteLine(hello2.HelloTxt);   // hello
```

可以看到改变了 hello1 的属性之后，hello2 的属性也自动变了。

1．C#中预定义的引用类型

（1）object：所有类型的基类。

（2）string：string 是引用类型，但特殊于其他的引用类型，修改一个 string 对象的值是重新生成一个新的对象而不是改变原来内存的值。通过以下代码可以很好地了解这一点。

```
string hello1 = "hello world!";
hello2 = hello1;
hello1 = "hello";
Console.WriteLine(hello1);   // hello
Console.WriteLine(hello2);   // hello world!
```

2．C#中自定义的引用类型

C#定义了丰富的自定义引用类型，主要是类、接口和数组等。

（1）类：类是 C#中最主要的开发对象，也是最核心的应用。使用 class 关键字定义类，示例如下：

```
public class Hello
    {
        private string helloTxt;
        public string HelloTxt
        {
```

```
        get { return this.helloTxt; }
        set { this.helloTxt = value; }
    }

    public Hello(string text)
    {
        helloTxt = text;
    }
}
```

详细内容将在本章 C#的面向对象编程一节中讲解。

（2）接口：接口是一组相同类型的类的协约，它仅仅定义成员而不实现，具体在继承接口的类中实现。使用 interface 关键字定义接口，示例如下：

```
public interface IHello
{
string HelloTxt{get;set;}
string GetTxt();
}
```

示例中定义了一个 **HelloTxt** 属性和一个 **GetTxt** 方法，接口中定义的都是 **Public** 类型的成员，所以在属性和方法中无须增加 **public** 属性。继承接口实现类也很简单，示例如下：

```
Public class NewHello: IHello
{
    private string helloTxt;
    public string HelloTxt
    {
        get { return this.helloTxt; }
        set { this.helloTxt = value; }
    }

    public NewHello (string text)
    {
        helloTxt = text;
    }

     public string GetTxt()
     {
         return this. helloTxt;
```

```
        }
    }
```

接口在开发中还可以实现更有价值的功能，尤其在设计模式兴起后，大量使用接口来替代类继承，"面向接口编程而不要面向实现编程"，其中的道理可能需要读者在以后的开发中慢慢体会了。

（3）数组：数组是多个同类型的组合，可以通过数组的索引来为数组赋值或访问数组的内容。使用"类型[]"的方式定义数组，数组的大小必须是常量，数组的定义和初始化有两种方式，可以如下：

```
int[] iList = new int[2];
iList [0] = 1;
iList[1] = 2;
```

或者如下：

```
int[] iList = new int[2]{1,2};
```

C#支持多维数组和交错数组，其中交错数组是数组的数组。多维数组和交错数组的定义分别如下所示。

- 多维数组 int[,] iList = new int[2,3];
- 交错数组 int[][] iList = new int[2][3];

3.2.3　类型转换

在实际的开发中经常需要将一个类型转换为其他类型，例如，通过 URL 传递一个整数值，因为从 URL 获取的值是 string 类型，所以在使用时需要转换为 int 类型；再如，系统中希望将一个整数类型的变量值呈现到一个 TextBox 控件上，而 TextBox 控件的 Text 属性接受的是 string 类型，因此需要将 int 类型转换为 string 类型。类型转换可以分为隐式转换和显式转换。具体说明如下：

（1）隐式转换：隐式转换就是可以自动进行的转换，用于小数据范围到大数据范围的转换，如 int 型可以自动转换为 long 型。

（2）显式转换：显式转换就是不能自动进行的转换，用于范围由大转换到小，例如，由 long 型转换为 int 型。可以隐式转换的类型都可以显式转换。

不同类型之间的转换如何进行呢？C#中使用"类型.Parse()"方法。例如，将 string 类型转换为 int 类型，可以使用 int.Parse("1234")进行，而其他类型转换为 string 类型可以使用对象的 ToString()方法，如 12.ToString()。

3.3 C#的运算符

C#语言提供了较为完整的运算符，下面就来了解常用的运算符，主要有以下几类。

1. 算术运算符

算术运算符用于数字类型的算术运算，包含以下 5 种运算符。

乘法运算符：*

除法运算符：/

余数运算符：%

加法运算符：+

减法运算符：-

> **注 意** 更多的算术运算在 System.Math 类中实现，如取正弦值、平方根等算术运算。

2. 赋值运算符

顾名思义，赋值运算符用于对变量赋值，主要有以下两种形式。

简单赋值运算符：=

组合赋值运算符：+=、-=、*=、/=

> **注 意** 组合赋值运算符是某些情况下简单赋值运算的简化写法，例如：
>
> ```
> i = i+j ;
> ```
>
> 可以被简化为：
>
> ```
> i += j ;
> ```

3. 关系运算符

关系运算符是用于运算符两边的变量、常量或表达式的关系比较，关系运算返回的类型是 bool 类型，主要有以下几种类型。

相等：==

不相等：!=

小于：<

大于：>

小于等于：<=

大于等于：>=

> **注 意** 引用类型的相等比较运算，不是针对是否为相同的类型而是针对是否引用同一个对象。

4．条件逻辑运算符

条件逻辑运算符用于组合多个条件的逻辑，条件逻辑运算符最后返回的类型是 bool 类型，主要有以下两种。

两个条件相与运算：&&

两个条件或运算：||

3.4 C#的流程控制

C#的流程控制分为条件语句、循环语句和跳转语句三类。

3.4.1 条件语句

条件语句主要包括 if 语句和 switch 语句。

1．if 语句

if 语句用于判断条件并控制分支的执行。

语句模板如下：

```
if (条件){
    成立表达式;
}
else{
    不成立表达式;
}
```

还可以使用嵌套 if 语句，语句模板如下：

```
if (条件1){
    条件1成立表达式;
}
else if (条件2)
{
    条件2成立表达式;
}
```

```
else
{
    不成立表达式；
}
```

示例如下：

```
int i = 10 ;
if (i>10)
{
    i=20 ;
}
else if (i<5)
{
    i=0 ;
}
else
{
    i=10 ;
}
```

2. switch 语句

switch 语句适合从一组组合中选择分支执行。

语句模板如下：

```
switch(需要判断的值)
{
    case  条件值 1 :
        表达式 ;
        break ;
    case  条件值 2 :
        表达式 ;
        break ;
    default :
        表达式 ;
        break ;
}
```

switch 语句根据 case 语句中包含的判断值来判断是否和条件值相等，相等就进入执行表达式。如果没有匹配的就执行 default 后的代码。

示例如下：

```
int i=0 ;
```

```
Color color = Color.Red ;
switch(color)
{
    case Color.Red :
        i=1 ;
        break ;
    case Color.White :
        i=2 ;
        break ;
    default :
        i=3 ;
        break ;
}
```

3.4.2　循环语句

C#提供了 4 类循环语句，分别为 for、while、do while 和 foreach。

1．for 语句

for 语句是集初始化、条件判断和条件变化为一体的循环语句。

语句模板如下：

```
for(初始化表达式；条件判断表达式；条件变化表达式)
{
    循环表达式 ;
}
```

下面举一个求 0～9 数字之和的例子，代码如下：

```
int n=0 ;
for(int i=0 ;i<10 ;i++)
{
    n=n+i ;
}
```

2．while 语句

while 语句是判断条件是否成立，如果成立就循环执行。

语句模板如下：

```
while(条件表达式)
{
    运算表达式 ;
```

```
}
```

下面尝试用 while 语句来实现求 0～9 数字之和的例子，代码如下：

```
int i=0 ;
int n=0 ;
while(i<10)
{
    n=n+i ;
    i++ ;
}
```

3. do while 语句

do while 语句是执行后判断条件是否成立，成立就继续循环，do while 和 while 语句的差异在于一个是先执行后判断，一个是先判断再执行。

语句模板如下：

```
do
{
    运算表达式 ;
} while(条件表达式)
```

下面用 do while 语句来实现求 0～9 数字之和的例子，代码如下：

```
int i=0 ;
int n=0 ;
do
{
    n=n+i ;
    i++ ;
} while(i<9)
```

4. foreach 语句

foreach 语句用于循环集合类型，也就是实现 Ienumerable 接口的类。

语句模板如下：

```
foreach(类型 in 类型集合)
{
    运算表达式 ;
}
```

我们尝试用 foreach 语句来实现求 0～9 数字之和的例子，代码如下：

```
int n=0 ;
```

```
int [] iList = new int[10]{0,1,2,3,4,5,6,7,8,9}
foreach(int i in iList)
{
    n=n+I;
}
```

3.4.3　跳转语句

C#有两个常用的跳转语句有 break 语句和 continue 语句。

1．break 语句

break 语句用于结束最内层的循环语句或条件语句。例如，switch 中使用 break 语句跳出 switch 循环，在 for、foreach 和 while 语句中都可以使用该语句。

2．continue 语句

continue 语句用于结束本次循环，继续下次循环。和 break 语句不同，continue 语句不是结束一个循环的全部，而是结束单个迭代，再次执行下一个迭代。

3.5　C#的面向对象编程

C#面向对象的编程主要是针对类（class）进行开发，所以先来了解一下类和类的成员。

类是 C#中功能最为强大的数据类型。类定义了数据和行为，通过实例化来生成对象并通过对象来实现执行行为传递数据。

类的定义：类是使用 class 关键字来定义的，例如：

```
public class Book
{
    //数据和行为
}
```

类的实例化：通过 new 关键字来实现将类实例化，实例化后就被称为对象，例如：

```
Book book =new Book();
```

实现实例化的过程就是执行类的相应构造函数的过程。类可以以实例的形态存在，也可以以静态的形态存在，类成员的很多类型中都有静态和实例之分。

类的主要成员有字段和常数、属性、方法、事件、操作符重载、构造函数；继承是面向对象编程的主要行为。

3.5.1 字段和常数

常数是一个表示恒定不变的数值的符号。这些符号主要使得代码更具有可读性及可维护性。常数总是和类而非其实例相关联，从这个意义上说，常数总是静态的。

字段表示一个数据的值，可以是只读的，也可以是可读写的。字段还可分为静态字段及实例字段，静态字段被视为类状态的一部分，实例字段被视为对象状态的一部分。建议编程时将字段的访问限定设为私有，可以避免类或实例的状态受到破坏。示例代码如下：

```
class C {
    int value = 0;
        /*字段
        -    初始化是可选的
        -    初始化的值必须在编译时可以确定下来
        */
    const long size = ((long)int.MaxValue + 1) / 4;
        /*常量
        -    必须被初始化
        -    值必须在编译时确定下来
        */
    readonly DateTime date;
        /*只读字段
        -    必须在声明或在构造函数中进行初始化
        -    不一定在编译时就要确定下来
        -    值不能改变
        */
    static Color defaultColor;
        /*静态字段
        -    只能通过类访问静态字段
        -    不能定义常量为静态字段*/
}
```

3.5.2 属性

属性是一种方法，以一种简单的、类似字段的方式实现了设置或查询一个对象的状态，与此同时它又可以保护它们的状态不会被破坏，是面向对象程序设计中封装的一种实现。示例代码如下：

```
class Hello
```

```
{
    private string helloTxt;
    public string HelloTxt
    {
        get { return this.helloTxt; }
        set { this.helloTxt = value; }
    }

    public Hello(string text)
    {
        helloTxt = text;
    }
}
```

在上面的例子中，HelloTxt 就是属性，属性通过定义 get 和 set 来实现对象内数据的访问和赋值，仅实现 get 方法可以让属性只读，而仅实现 set 方法可以让属性只写。

3.5.3　方法

方法是一个函数，用来改变或查询一个类型（就静态方法而言），或者一个对象（就实例方法而言）的状态。方法一般需要读写类或对象的字段。示例代码如下：

```
Public class NewHello: IHello
{
    private string helloTxt;
    public string HelloTxt
    {
        get { return this.helloTxt; }
        set { this.helloTxt = value; }
    }

    public Hello(string text)
    {
        helloTxt = text;
    }

    public string GetTxt()
    {
        return this. helloTxt;
    }
}
```

上面的例子中 GetTxt 就是方法。注意，C#中方法可以重载，方法的重载就是方法的名称相同而参数不同。修改上面的示例，代码如下：

```
Public class NewHello: IHello
{
        private string helloTxt;
        public string HelloTxt
        {
           get { return this.helloTxt; }
           set { this.helloTxt = value; }
        }

        public Hello(string text)
        {
           helloTxt = text;
        }

         public string GetTxt()
         {
             return this. helloTxt;
         }
        public string GetTxt(string txt)
        {
             return this.helloTxt+ txt;
        }
}
```

上面示例中 GetTxt 方法就是重载的应用。

3.5.4　事件

事件是类在发生其关注的事情时用来提供通知的一种方式。

事件分为静态事件及实例事件两种。静态事件通过类发出通知，通知的接收者可以是类或对象。实例事件通过对象发送通知，通知的接收者可以是类或对象。

事件通常在提供事件的类或对象的状态改变时被触发。事件允许类或对象登记或注销其感兴趣的“事件”。

下面的例子介绍事件的简单应用。

```
public delegate void ButtonEventHandler();

class TestButton
```

```
{
    public event ButtonEventHandler OnClick;

    public void Click()
    {
        OnClick();
    }
}

Class Test
{

    test()
    {
        TestButton tb = new TestButton();
        tb.OnClick += new ButtonEventHandler(TestHandler);
        tb.Click();
    }

    public void TestHandler()
    {
        int a = 0;
    }
}
```

TestHandler 方法被绑定到事件委托中，当 TestButton 的 Click 事件被触发时，TestHandler 方法就得到执行。

3.5.5　操作符重载

操作符重载同样也是一种方法，它用操作符的形式定义了怎样对对象进行某种操作。因为并非所有语言都支持操作符重载，所以操作符重载方法也不是通用语言规范（CLS）的一部分，示例如下：

```
struct Fraction {
    int x, y;
    public Fraction (int x, int y) {this.x = x; this.y = y; }

    public static Fraction operator + (Fraction a, Fraction b) {
        return new Fraction(a.x * b.y + b.x * a.y, a.y * b.y);
    }
}
```

3.5.6　构造函数

构造函数分为类构造函数和实例构造函数。

类构造函数（静态构造函数）是一种特殊的方法，用来将一个类的静态字段初始化到正常的初始状态。

实例构造函数也是一种特殊的方法，用于将一个新对象的实例字段初始化到正常的初始状态。

示例如下：

```
class Hello
{
    private string helloTxt;
    public string HelloTxt
    {
        get { return this.helloTxt; }
        set { this.helloTxt = value; }
    }

    public Hello(string text)
    {
        helloTxt = text;
    }
}
```

这个例子中的函数 Hello 就是构造函数。

下面介绍一下常用的访问修饰符。在类、字段和方法前面的关键字一般为 public 或 private 等，它们就是访问修饰符，其各自的含义说明如下：

public：只要知道所在的命名空间即可对其进行访问；

　　　　——接口及枚举的成员默认为 public。

private：只对所在的类或结构可见；

　　　　——类或结构的成员默认为 private。

了解完对象的成员后，接下来了解一下面向对象编程的主要行为——继承。

3.5.7　继承

从现有的类派生新的类的过程就是继承，继承是面向对象的主要原则之一。这种派生使得两个类产生了关系，被派生的类命名为基类或父类；而派生后的类叫做子类。

当子类从父类派生时，子类将继承父类的成员，并且可以创建和扩展父类，这样就实现了逻辑的复用。

一个类继承另一个类，就表示该类和父类是一个"is a"的关系，也就是子类是父类的一种类型。例如，卡车和轿车都是机动车的一种类型，那么就可以让卡车类和轿车类都继承机动车类，这样所有机动车类的子类都自动继承机动车的数据和行为，如有轮子、发送机以及传动机构，可以实现启动、停止行为。C#的继承是使用操作符 ":" 来进行的，下面以一个实例来了解一下继承的应用。实例代码如下：

```
public class Vehicle
{
    private string wheel; //车轮
    private string engine; //发动机

    Vehicle()
    {
    }

    //启动
    punlic void Run()
    {
    }

    //停止
    public void Stop()
    {
    }
}

//轿车实现继承
public class Car : Vehicle
{

}

//卡车实现继承
public class Truck : Vehicle
{

}
```

1. 基类引用

轿车和卡车从机动车继承，在应用中可以使用父类来引用，而实际执行的行为是子类的行为。例如，实现驾驶员类，驾驶员可以驾驶机动车，这个机动车可以是卡车也可以是轿车，所以可以用如下代码来实现。

```
public class Driver
{
    …//字段和属性
    public void Drive(Vehicle vehicle)
    {
        vehicle.Run();
        vehicle.Stop();
    }
}
```

使用代码如下：

```
Vehicle car = new Car();
Vehicle truck = new Truck();
Driver driver=new Driver ();
driver.drive(car);
driver.drive(truck);
```

2. 抽象类

机动车是一个概念性的对象，所有的机动车都应该有一个子类别，不可能存在一辆车不属于任何子类别而属于机动车，所以不可能允许实例化一个机动车对象，所以需要用抽象类来限制对机动车的实例化，将上面的机动车类的代码改动如下：

```
abstract class Vehicle
{
    private string wheel; //轮子
    private string engine; //发动机

    Vehicle()
    {
    }

    //启动
    punlic void Run()
    {
    }
```

```
    //停止
    public void Stop()
    {
    }
}
```

这时如果实例化 Vehicle 类，编译器就会报错了。

3. 抽象方法

有了抽象类，同样会有抽象方法，例如，机动车的运行和停止可以用抽象方法来定义，派生类必须实现自己的运行和停止方法，继续修改代码如下：

```
abstract  class Vehicle
{
    private string wheel; //轮子
    private string engine; //发动机

    Vehicle()
    {
    }

    //启动
    punlic abstract void Run();

    //停止
    public abstract void Stop();
}

//轿车实现继承
public class Car : Vehicle
{
    //启动
    punlic void Run()
    {
    }

    //停止
    public void Stop()
    {
    }
```

```
    }

    //卡车实现继承
    public class Truck : Vehicle
    {
        //启动
        punlic void Run()
        {
        }

        //停止
        public void Stop()
        {
        }

    }
```

    C#语言的面向对象编程中还有很多很重要的知识点，限于篇幅这里就主要讲解这些，如果读者希望深入了解.NET 开发，那么建议读者去阅读更多一些 C#方面的书籍。

3.6　小结

    本章简要地介绍了 C#语言，有很多重要的 C#语言的语法及特性无法在这里一一列举，如范型、委托等。

第 4 章　ADO.NET 基础知识

　　本章将讲解 ADO.NET 的基础知识，本书后面将要开发的图书管理系统是一个基于数据库的管理系统，ASP.NET 与数据库相互操作就是通过 ADO.NET 来实现的，所以在开发中 ADO.NET 负责应用程序和数据库的交互。

4.1　ADO.NET 概述

　　ADO.NET 是数据库访问技术 ADO 在.NET Framework 上的实现，相比较 ADO，ADO.NET 增加了很多内容，可以更加方便地进行数据库的访问和开发，ADO.NET 的主要特点介绍如下：

　　（1）ADO.NET 为创建分布式数据共享应用程序提供了一组丰富的组件。

　　（2）ADO.NET 提供了对关系数据、XML 和应用程序数据的访问，可创建由应用程序、工具、语言或 Internet 浏览器使用的前端数据库客户端和中间层业务对象。

　　（3）ADO.NET 对各种数据源提供了一致的访问，应用程序可以使用 ADO.NET 连接到这些数据源，并检索、处理和更新所包含的数据。

　　（4）ADO.NET 用于处理以下三种不同的数据访问方式，并提供标准的方法。

- ADO.NET 连接到数据库的访问模式。
- ADO.NET 支持基于数据集的访问。
- ADO.NET 支持与 XML 的集成。

4.1.1　ADO.NET 组件介绍

　　ADO.NET 包含以下类型的组件。

- Connection：数据连接；
- Transaction：数据事务；
- Command：命令，用于执行 SQL 或存储过程；
- DataReader：数据输出只读、只向前的访问类；
- DataAdapter：提供数据集与数据库之间交互的代理类；
- DataSet：数据集容器；
- Parameter：参数，可以传递 Command 对象的参数。

以上组件组成了 ADO.NET 的两种访问模式。

（1）连接模式。各个组件的执行顺序如下：

```
Connection-〉Transaction-〉Command-〉Parameter-〉DataReader
```

（2）非连接模式。

- 数据访问。各个组件执行顺序如下：

```
Connection-〉Transaction-〉DataAdapter-〉DataSet
```

- 数据更新。各个组件执行顺序如下：

```
DataSet-〉Connection-〉Transaction-〉DataAdapter
```

在下面的几节中会详细介绍 ADO.NET 组件的使用。

4.1.2 可访问的数据源

ADO.NET 通过数据库访问框架规范了各个类型数据库的访问规则，很多数据库厂商有自己的数据库，可以在.NET Framework 下实现访问，如 Mysql、DB2 等都有自己数据库访问组件，.NET Framework 实现了 4 种类型的数据源的访问组件。

（1）访问 SQL Server 数据库：在 System.Data.SqlClient 命名空间下，实现了对 SQL Server 7.0、SQL Server 2000 和 SQL Server 2005 类型数据库的访问支持，并根据各个数据库的特点做了优化，使数据访问的效率更高。特别对 SQL Server 2005 文件数据库类型做了很好的支持，可以实现对 SQL Server 2005 文件数据库的访问。

（2）访问 Oracle 数据库：在 System.Data.OracleClient 命名空间下，实现了对各个版本的 Oracle 数据库的访问支持。

（3）使用 OLE DB 方式访问数据源：在 System.Data.OleDb 命名空间下，实现了对 OLE DB 方式支持的数据源的访问，如访问 Access 或 Excel 等。OLE DB 是在 ADO 之前的一个数据库访问接口，各个数据库厂商通过提供自己数据库的复合 OLE DB 要求的数据库访问驱动来实现对数据源统一的访问。

（4）使用 ODBC 方式访问数据源：在 System.Data.Odbc 命名空间下，实现了对 ODBC 方式支持的数据源的访问。ODBC 是一个更加古老的数据库统一访问的实现，一些比较老的数据库产品，它们没有提供新方式的数据库访问驱动，所以为了兼容这些产品的访问，.NET Framework 实现了 ODBC 方式访问数据源。

本书项目的数据库采用 SQL Server 2005 数据库，所以下面的章节就着重介绍 SQL Server 类型的 ADO.NET 的使用技术。

4.2　数据连接

在 ADO.NET 编程模式中，访问数据源需要首先建立与数据源的连接，只有建立连接后才能和数据源通信，执行 SQL 语句。本节主要介绍 SQL Server 访问模式下的数据连接的知识，建立数据连接是借助 SqlConnection 类来完成的，而数据连接的最灵活之处是数据连接字符串，下面就来学习这两个知识点。

4.2.1　SqlConnection 类

SqlConnection 类是用来联系.NET Framework 和 SQL Server 类型数据库通信会话的类，SqlConnection 与 SqlDataAdapter 和 SqlCommand 一起实现了.NET Framework 与 SQL Server 类型数据库的常用的交互。

SqlConnection 的会话通过数据连接字符串来获得连接数据库的情况（详细的连接字符串在下一节中介绍），然后通过 Open 和 Close 方法来打开和关闭会话。

1. SqlConnection 常用的属性

（1）ConnectionString：用于设置或获取打开 SQL Server 数据库的连接字符串。

（2）ConnectionTimeout：用于获取尝试建立连接时终止尝试并生成错误之前所等待的时间。

2. SqlConnection 常用的方法

（1）Open：打开数据连接，只有在打开数据连接后才能和数据库交互。

（2）Close：关闭数据连接，数据连接是资源文件，需要在使用完毕后关闭数据连接。

（3）GetSchema：获得已连接的数据库的构架信息，可以获得数据库的表、视图等信息。

（4）BeginTransaction：开始数据库事务，关于事务的使用将在后面的章节中详细描述。

4.2.2 数据连接字符串

前面讲到了数据连接字符串比较灵活，它可以指定连接的服务器、数据库名、账号、密码以及连接尝试时间等信息。根据验证安全的途径不同，连接字符串分为 Windows 身份验证和账号密码方式验证。

1．Windows 身份验证

使用以下任意一个设置可以设置 Windows 身份验证。

```
Integrated Security=true;
Integrated Security=SSPI;
```

Windows 身份验证就是通过本地安全或域安全的方式实现连接安全验证，方便本地或有域管理的场景应用。连接字符串示例如下：

```
"Persist Security Info=False;Integrated Security=SSPI;database=AdventureWorks;
server=（local）"
```

这个连接字符串用来连接本地的"AdventureWorks"数据库，采用 Windows 身份验证方式，server 的赋值是服务器地址（local 是本地的意思，也可以使用 127.0.0.1），database 的赋值是数据库服务器中的数据库名称。

2．账号密码方式验证

账号密码方式验证就是在字符串中包含 SQL Server 数据库认可的有权限的账号和密码信息，常用的连接字符串如下：

```
"Data Source=JC;Initial Catalog=Northwind;Persist Security Info=True;User
ID=sa; Password = sa"
```

这个连接字符串是用来连接其他数据库服务器中的数据库，Data Source 的赋值是数据库服务器名称，也可以是 IP；Initial Catalog 的赋值是服务器中的数据库；User ID 的赋值是数据库服务器的账号；Password 是账号的密码。

在 SQL Server 2005 中为了开发方便，还实现了通过访问数据库文件的方式来访问数据库，它的设置实例如下：

```
Data    Source=.\SQLExpress;Integrated    Security=True;User    Instance=True;
AttachDBFilename=|DataDirectory|LibraryMS.mdf;Connection Timeout=45
```

这个连接字符串通过设置 AttachDBFilename 属性确定了数据库文件的位置和名称，"|DataDirectory|"代表的意思是数据库文件的存放默认目录，默认存储在项目的根目录

的"App_Data"目录下，Connection Timeout 的赋值就是最大允许连接尝试时间，单位为秒（s），默认值为 15，文件方式连接慢于其他连接方式，所以 15s 经常不够，在此将该时间改为 45。

下面用一个实例来演示一下如何连接数据库服务器，代码如下：

```
SqlConnection conn = new SqlConnection();
conn.ConnectionString = @"Data Source=.\SQLExpress;Integrated Security=
True;User Instance=True;AttachDBFilename=|DataDirectory|LibraryMS.mdf;Connection
Timeout=45";
try
{
    conn.Open();
    //其他数据操作
}
finally
{
    if (conn.State == ConnectionState.Open)
    {
        conn.Close();
    }
}
```

数据库连接字符串会根据数据库服务器的不同而变化，所以该字符串通常会被存储在 web.config 文件中，常用配置方式如下：

```
<connectionStrings>
    <add name="LibraryMSConnectionString" connectionString="Data Source
=.\SQLExpress;Integrated Security=True;User Instance=True;AttachDBFilename=
|DataDirectory|LibraryMS.mdf;Connection Timeout=45" providerName="System.
Data.SqlClient" />
    </connectionStrings>
```

4.3　执行 SQL

前边的章节讲解了数据连接，数据连接完成后就需要与数据进行交互，大多数时候需要将 SQL 语句传输到数据库服务器并执行，这就需要使用 SqlCommand 类，这个类主要负责 SQL 语句和存储过程的执行。

4.3.1　SqlCommand 对象执行 SQL

SqlCommand 类执行 SQL 语句很简单，可以通过 SqlCommand 的构造函数赋值，也可以通过 SqlCommand 对象的 CommandText 属性赋值。获得 SQL 语句后，就可以执行该 SQL 语句了，示例如下：

```
SqlConnection conn = new SqlConnection();
conn.ConnectionString = @"Data Source=.\SQLExpress;Integrated Security
=True;User Instance=True;AttachDBFilename=|DataDirectory|LibraryMS.mdf;Connection
Timeout=45";
  try
  {
      conn.Open();
      SqlCommand comm = new SqlCommand();
      comm.CommandText = "select * from book";
      comm.Connection = conn;
      comm.ExecuteNonQuery();
  }
  finally
  {
    if (conn.State == ConnectionState.Open)
    {
      conn.Close();
    }
  }
```

可以看到例子中，将数据连接对象 conn 赋值给 SqlCommand 对象的 Connection 属性，然后就可以调用 SqlCommand 对象的 ExecuteNonQuery 方法来执行 SQL 语句。

根据返回值的不同，SqlCommand 类有以下几个执行方法。

（1）ExecuteNonQuery：对连接对象执行 SQL 语句并返回到受影响的行数，使用方法在上面的示例中已经介绍了，就是执行一个普通的 SQL 语句。

（2）ExecuteScalar：返回第一行第一列的值，一般用于聚合类型的 SQL 语句取记录数量，例如，希望取得所有图书的记录数，代码如下：

```
……
SqlCommand comm = new SqlCommand();
comm.CommandText = "select count(*) from book";
comm.Connection = conn;
int i =(int)comm.ExecuteScalar();
……
```

（3）ExecuteReader：返回一个 DataReader，用于对数据集的遍历访问，常用代码如下：

```
......
SqlCommand comm = new SqlCommand();
comm.CommandText = "select * from book";
comm.Connection = conn;
SqlDataReader reader = comm.ExecuteReader();
try
{
    while (reader.Read())
    {
        Console.WriteLine(String.Format("{0}, {1}",
                reader[0], reader[1]));
    }
}
finally
 {
        reader.Close();
 }
......
```

（4）ExecuteXMLReader：返回一个 XMLReader 对象，这个方法用得不多，就不举例了。

4.3.2　使用参数

开发需求中会经常要执行由用户输入的字符串组合而成的 SQL 语句，例如，登录时验证账号和密码是否正确，需要将用户输入的账号融合到 SQL 语句中查询，而这往往是 SQL 注入攻击的危险所在，如何解决？ADO.NET 中使用参数来解决这个问题，通过参数传递的字符串首先被转换，这样影响 SQL 注入的情况就被排除掉了。在 SqlClient 中的参数对象是 SqlParameter。

参数的使用很简单，下面以用户输入图书编号，系统提供查询为例演示参数的使用，代码如下：

```
SqlConnection conn = new SqlConnection();
conn.ConnectionString = @"Data Source=.\SQLExpress;Integrated Security=
True;User Instance=True;AttachDBFilename=|DataDirectory|LibraryMS.mdf;Connection
Timeout=45";
try
{
    conn.Open();
    SqlCommand comm = new SqlCommand();
```

```
      comm.Connection = conn;
      comm.CommandText = "select * from book where bookNo=@bookNo";
      comm.Parameters.Add("@bookNo",SqlDbType.NVarChar,50);
      comm.Parameters["@bookNo"].Value = "10023";
      SqlDataReader reader = comm.ExecuteReader();
      try
      {
          while (reader.Read())
          {
            Console.WriteLine(String.Format("{0}, {1}",
                     reader[0], reader[1]));
          }
      }
      finally
      {
          reader.Close();
      }
  }
  finally
  {
      if (conn.State == ConnectionState.Open)
      {
          conn.Close();
      }
  }
```

通过在 SQL 语句中用 "@bookNo" 作为输入字符串的占位符，然后为 SqlCommand 的 Parameters 属性增加一个新的参数，最后为新增加的这个参数赋值，这样就可以将赋给参数的值在执行时自动替换占位符了。

增加参数的方法的后两个输入参数分别代表着数据类型和数据长度。

4.3.3　执行存储过程

日常开发中，可能根据性能等需要使用存储过程来完成组合 SQL 语句的执行，使用 SqlCommand 对象可以实现执行已经存在于数据库中的存储过程，实现的方法很简单，假设数据库中有一用于图书查询的存储过程 BookFind，可以通过传输图书编号来输出图书信息，实现代码如下：

```
SqlConnection conn = new SqlConnection();
conn.ConnectionString = @"Data  Source=.\SQLExpress;Integrated  Security
```

```
=True;User Instance=True;AttachDBFilename=|DataDirectory|LibraryMS.mdf;Connection
Timeout=45";
    try
    {
        conn.Open();
        SqlCommand comm = new SqlCommand();
        comm.Connection = conn;
        comm.CommandText = "BookFind";
        comm.CommandType = CommandType.StoredProcedure;
        comm.Parameters.Add("@bookNo",SqlDbType.NVarChar,50);
        comm.Parameters["@bookNo"].Value = "10023";
        SqlDataReader reader = comm.ExecuteReader();
        try
        {
            while (reader.Read())
            {
                Console.WriteLine(String.Format("{0}, {1}",
                        reader[0], reader[1]));
            }
        }
        finally
        {
            reader.Close();
        }
    }
    finally
    {
        if (conn.State == ConnectionState.Open)
        {
            conn.Close();
        }
    }
}
```

此代码和执行 SQL 语句的代码只有两处不同，其一是"comm.CommandText = "BookFind";"，其中 CommandText 属性不是 SQL 语句而是存储过程名；另一个是"comm. CommandType = CommandType.StoredProcedure;"，将 CommandType 属性设置为存储过程类型（CommandType.StoredProcedure）。根据这些变化，就可以调用存储过程了。

4.3.4 事务

有些时候需要对多个 SQL 语句顺序执行，而执行的 SQL 语句之间需要保持一致，即要么全保存，要么全部放弃提交，这个时候就需要用到数据库事务。

　　SqlClient 下的数据库事务实现方法很简单, 读者可以把这个实现看成一个标准的模板, 在以后开发中套用这个模板即可。

　　在第 14 章中会详细介绍事务的使用实例, 这里就简单介绍使用事务的框架, 代码如下:

```
SqlConnection conn = new SqlConnection();
SqlTransaction tx = null;
conn.ConnectionString = @"Data Source=.\SQLExpress;Integrated Security=
True;User Instance=True;AttachDBFilename=|DataDirectory|LibraryMS.mdf;Connection
Timeout=45";
try
{
    conn.Open();
    tx = conn.BeginTransaction();
    SqlCommand comm = new SqlCommand();
    comm.Connection = conn;
    comm.CommandText = "insert book values ('111')";
    comm.ExecuteNonQuery();
    comm.CommandText = "insert book values ('222')";
    comm.ExecuteNonQuery();
    tx.Commit();
}
catch
{
    if (tx != null)
    {
        tx.Rollback();
    }
}
finally
{
    if (conn.State == ConnectionState.Open)
    {
        conn.Close();
    }
}
```

　　通过上面的代码, 可以看到, 事务是由 SqlConnection 的 BeginTransaction 方法创建的, 在所有数据库 SQL 语句执行后, 可以调用事务对象的 Commit 方法提交事务, 而如果出现异常则使用事务对象的 Rollback 回滚, 放弃所有执行结果。

SqlClicent 的数据库事务是基于连接的事务，不是分布式的事务，如需要执行完 SQL 语句后继续执行一些 IO 操作，希望把这些操作都放到事务中去，那就不能使用本章介绍的事务了，需要调用分布式事务。

4.4　DataSet

DataSet 可以形象地比喻为"内存中的数据库"，是非连接式数据应用的核心对象，是内存中的数据容器。在一般 Web 项目开发中，单独处理 DataSet 的机会不多，特别是.NET 2.0 增加了范型和 ObjectDatasource 等实现后，可以很方便地实现对象的传递和呈现，DataSet 的应用空间被更进一步压缩，在.NET 2.0 之前，DataSet 被赋予了过多的责任，使得很多面向对象的学者批评.NET 不够面向对象。下面就 DataSet 的组成、DataSet 的数据维护和 DataSet 的数据检索三个方面了解一下 DataSet 的应用。

4.4.1　DataSet 组成

借用 MSDN 中介绍 DataSet 的一个图例来展示 DataSet 的组成，如图 4-1 所示。

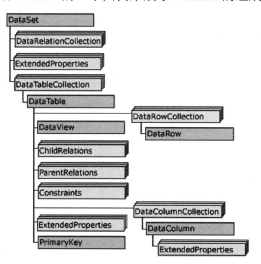

图 4-1　DataSet 组成结构图

DataSet 的子节点有三种类型，分别是 DataTableCollection、DataRelationCollection、ExtendedProperties。

（1）DataTableCollection：类似于关系型数据库，一个 DataSet 由多个表组成，DataSet 的表类型是 DataTable，DataTable 又由若干个行和列以及关系、主键等组成。

（2）DataRelationCollection：代表着 DataTable 中的行与另一个 DataTable 中的行相关联关系集合。

（3）ExtendedProperties：扩展属性，开发者可以增加自定义的信息。

由 DataSet 的组成结构图可以看到，DataSet 类型中不仅仅包含数据，还跟关系型数据库一样记录并维护了表与表之间、行与行之间的关系以及列的约束，如主键约束、唯一键约束等。

4.4.2　DataSet 数据维护

本节将创建一个简单的 DataSet 结构，并增加和修改数据。

（1）创建 DataSet，代码如下：

```
DataSet book= new DataSet();
```

（2）向 DataSet 添加 DataTable，代码如下：

```
DataTable bookTable = new DataTable("book");
book.Tables.Add(bookTable);
```

（3）定义 DataTable 的架构，代码如下：

```
bookTable.Columns.Add("bookNo", typeof(String));
bookTable.Columns.Add("bookName", typeof(String));
bookTable.Columns.Add("publishDate", typeof(DateTime));
bookTable.Columns.Add("bookNm", typeof(int));
```

（4）定义表的关系和约束，代码如下：

```
DataColumn[] key = new DataColumn[1];
key[0] = bookTable.Columns["bookNo"];
bookTable.PrimaryKey = key;
```

（5）向表中添加数据，代码如下：

```
DataRow row = bookTable.NewRow();
row["bookNo"] = "00011";
row["bookName"] = "ASP.NET 2.0 Web 开发入门指南";
row["publishDate"] = new DateTime(2007,7,1);
row["bookm"] = 10;
bookTable.Rows.Add(row);
```

完成以上 5 个步骤，就建立了一个包含数据和结构的 DataSet，下面来看一下完整的代码，如下：

```
DataSet book = new DataSet();
DataTable bookTable = new DataTable("book");
bookTable.Columns.Add("bookNo", typeof(String));
bookTable.Columns.Add("bookName", typeof(String));
bookTable.Columns.Add("publishDate", typeof(DateTime));
bookTable.Columns.Add("bookNm", typeof(int));
DataColumn[] key = new DataColumn[1];
key[0] = bookTable.Columns["bookNo"];
bookTable.PrimaryKey = key;
book.Tables.Add(bookTable);


DataRow row = bookTable.NewRow();
row["bookNo"] = "00011";
row["bookName"] = "ASP.NET 2.0 Web 开发入门指南";
row["publishDate"] = new DateTime(2007,7,1);
row["bookNm"] = 10;
bookTable.Rows.Add(row);
```

对于 DataSet 中数据的修改很简单，示例如下：

```
book.Tables[0].Rows[0]["bookName"] = "C#高级编程";
```

而删除数据也很简单，示例如下：

```
book.Tables[0].Rows[0].Delete();
book.Tables[0].AcceptChanges();
```

Delete 方法只将行标记为已删除；当应用程序调用 AcceptChanges 方法时，才会发生实际的删除。

4.4.3　DataSet 数据检索

上一节学习了如何创建 DataSet 和维护 DataSet 的数据，在很多应用中，需要从已经存在的 DataSet 中检索数据，例如，在得到的数据中，查找 2007 年出版的图书或是查询图书编号是"00013"的图书或计算图书的总价格，这样烦琐的工作如何完成呢？可以使用 DataSet 提供的数据检索功能来完成，代码如下：

```
DataRow[] arrRows;
arrRows = bookTable.Select("publishDate >= '2007-1-1' ");
DataRow findRow = bookTable.Rows.Find("10013");
object objSum;
objSum = bookTable.Compute("Sum(bookNm)","publishDate >= '2007-1-1'");
```

使用 DataTable 提供的 Select 方法和 Compute 方法可以实现数据的过滤和运算，使用 DataRowCollection 的 Find 方法可以根据主键查找单条记录。

4.5 非连接模式数据操作

前面章节介绍到了 ADO.NET 通过 SqlCommand 对象可以在连接模式下执行 SQL 语句或存储过程，从而达到与数据库交互的目的，但在很多应用场景中，不能在数据库连接的瞬间完成动作，可能需要用户参与共同完成一项任务，这时就需要本节讲解的非连接模式下的数据操作。实现 ADO.NET 的非连接模式下的数据操作依赖 DataAdapter 对象，在 SqlClient 命名空间下实现的 DataAdapter 是 SqlDataAdapter，下面就从数据填充和数据批量更新两个方面讲解一下 SqlDataAdapter 的应用。

4.5.1 SqlDataAdapter 概述

DataAdapter 是数据源和数据集之间的桥梁，通过 DataAdapter 可以将数据源中的数据填充到数据集中，也可以将数据集中的数据更新回数据源，而实现填充和更新都是由 DataAdapter 自动完成的。

DataAdapter 是完成非连接模式的主要执行者，但是功能实现的机理是 DataSet 数据集中 DataRow 的状态和 DataAdapter 包含的 4 个 Command，如图 4-2 所示，它演示了 DataAdapter 通过 4 个 Command 和 DataSet 的交互过程。

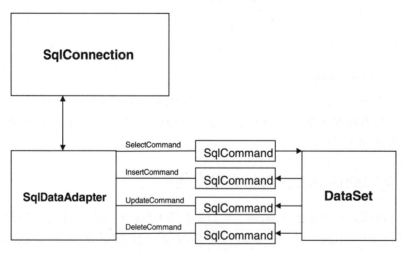

图 4-2　SqlDataAdapter 的 4 个 Command

4 个 Command 的作用说明如下：

（1）SelectCommand 用于从数据源中检索数据，填充 DataSet。

（2）Insert/Update/DeleteCommands 用于按照对 DataSet 中数据的修改来管理数据源中数据的更新。

4.5.2　SqlDataAdapter 数据填充

SqlDataAdapter 的数据填充就是通过 SqlDataAdapter 对象将 SqlCommand 执行的查询结果填充到 DataSet 或 DataTable 中，与 DataSet 一节中讲解的方法不同的是，用 SqlDataAdapter 填充不用手动创建 DataSet 的结构，SqlDataAdapter 对象会自动帮助创建，所以使用 SqlDataAdapter 对象填充 DataSet 是最常用的 DataSet 的创建方法。

在 SqlDataAdapter 对象的 Fill 方法中使用 SelectCommand 的结果来填充数据集，下面代码实现了对 DataSet 的填充。

```
SqlDataAdapter da = new SqlDataAdapter("select * from book", "Data Source=.\\
SQLExpress;Integrated    Security=True;User    Instance=True;AttachDBFilename=
|DataDirectory|LibraryMS.mdf;Connection Timeout=45");
DataSet ds = new DataSet();
da.Fill(ds, "book");
```

上面代码中，SqlDataAdapter 对象会自动地打开及关闭 Connection 对象，无须外界控制 Connection 的关闭，例如，外界传递过来 SqlConnection，可以使用如下代码实现上面的例子。

```
SqlDataAdapter da = new SqlDataAdapter("select * from book");
da.SelectCommand.Connection = conn;
DataSet ds = new DataSet();
da.Fill(ds, "book");
```

SqlDataAdapter 对象的 Fill 方法使用 DataReader 对象来隐式地返回用于在 DataSet 中创建表的列名称和类型，以及用于填充 DataSet 中的表行的数据，如果表结构已经存在就不再自动创建。

4.5.3　SqlDataAdapter 数据批量更新

SqlDataAdapter 对象的 Update 方法可将 DataSet 中的改变更新回数据源，当调用 Update 方法时，SqlDataAdapter 将分析数据集已做的更改并使用 InsertCommand，UpdateCommand 或 DeleteCommand 来处理该更改，前提是调用 Update 之前，必须显式设置这些命令。

可以为 SqlDataAdapter 对象的 InsertCommand,UpdateCommand 或 DeleteCommand 属性单独赋值,但这个代码写起来太麻烦,需要每个列严格对应,并增加若干个参数且为它们赋值。可以使用 SqlCommandBuilder 来简化这个步骤,如果设置了 SqlDataAdapter 的 SelectCommand 属性,SqlCommandBuilder 将自动生成其他任何未设置的 Transact-SQL 语句。以下代码演示了这个过程。

```
SqlDataAdapter da = new SqlDataAdapter("select * from book");
da.SelectCommand.Connection = conn;
SqlCommandBuilder builder = new SqlCommandBuilder(da);
DataSet ds = new DataSet();
da.Fill(ds, "book");
ds.Tables[0].Rows[0]["bookName"] = "ASP.NET 2.0 Web 开发入门指南";
ds.Tables[0].Rows[1].Delete();
ds.AcceptChanges();
da.Update(ds);
```

为 SqlDataAdapter 对象的 InsertCommand, UpdateCommand 或 DeleteCommand 属性单独赋值可以实现自定义的更新操作,常常用于比较个性的应用中,例如,删除操作不希望真正删除而是将该记录标记为已删除记录,这样的应用就只能通过为 DeleteCommand 单独赋值来完成了。代码如下:

```
SqlDataAdapter da = new SqlDataAdapter("select * from book");
da.SelectCommand.Connection = conn;
SqlCommand command = new SqlCommand("update book set isDel = 0 WHERE bookNo = @bookNo", conn);
SqlParameter parameter = command.Parameters.Add("@bookNo", SqlDbType.NVarChar, 50);
parameter.SourceVersion = DataRowVersion.Original;
da.DeleteCommand = command;
SqlCommandBuilder builder = new SqlCommandBuilder(da);
DataSet ds = new DataSet();
da.Fill(ds, "book");
ds.Tables[0].Rows[0]["bookName"] = "ASP.NET 2.0 Web 开发入门指南";
ds.Tables[0].Rows[1].Delete();
ds.AcceptChanges();
da.Update(ds);
```

4.6 数据绑定

前面几节中讲述了 ADO.NET 中对数据处理的相关知识,仅仅能够处理数据显然不是 ADO.NET 的全部，要实现用户和系统的交互就要将系统中的数据呈现到用户端，数据的呈现就用到了数据绑定。ASP.NET 中数据绑定依赖数据源控件和数据绑定控件配合完成，下面的章节中分别介绍它们的应用。

1．数据源控件

数据源控件充当特定数据源与 ASP.NET 网页上的其他控件之间的中间方，通过数据源控件将数据源的内容传递给数据绑定控件，数据源控件不呈现任何用户界面，但可以实现丰富的数据检索和修改功能，其中包括查询、排序、分页、筛选、更新、删除以及插入，等等。ASP.NET 2.0 中增加了几种新类型的数据源控件，下面列举了 ASP.NET 2.0 的数据源控件并说明了它们的作用。

（1）SqlDataSource：提供对 Microsoft SQL Server、OLE DB、ODBC 或 Oracle 数据库的访问，也是开发中最常用的数据源控件之一。

（2）AccessDataSource：处理 Microsoft Access 数据库。

（3）ObjectDataSource：能够处理业务对象或其他类，并创建依赖于中间层对象来管理数据的 Web 应用程序，是实现多层面向对象开发的数据呈现的最佳方案。

（4）XMLDataSource：能够处理 XML 文件，通常与 TreeView 或 Menu 控件等分层 ASP.NET 服务器控件一同使用。

（5）SiteMapDataSource：与 ASP.NET 站点导航结合使用。

各个数据源控件的使用将在第 8 章详细介绍。

2．数据绑定控件

数据绑定控件将数据以标记的形式呈现给请求数据的浏览器的控件，数据绑定控件可以绑定到数据源控件，并自动在页请求生命周期的适当时间获取数据，它依靠 DataSourceID 属性连接到数据源控件。

ASP.NET 2.0 提供了丰富的数据绑定控件，可以实现各种个性化的应用，下面列举了 ASP.NET 2.0 提供的常用的数据绑定控件。

（1）列表控件：包含 BulletedList,CheckBoxList,DropDownList,ListBox 和 RadioButtonList 空间，用于绑定数据源的内容并提供各类选择功能。

（2）AdRotator：将广告作为图像呈现在页上。

（3）GridView：以表的形式显示数据，是最常用的列表实现控件之一，ASP.NET 2.0 提供了完整的分页、模板和排序等操作。

（4）DataList：使用定义的项模板以表的形式呈现数据，方便地实现同类记录在同一行中的应用，如购物信息浏览界面。

（5）DetailsView：以表格布局一次显示一个记录。

（6）FormView：与 DetailsView 控件类似，允许为每一条记录定义一种自动格式的布局。

（7）Repeater：以列表的形式呈现数据。每一项都使用定义的项模板呈现，最灵活的列表控件，可以实现各类个性的应用，缺点就是需要大量的开发配置。

（8）Menu：在包括子菜单的分层动态菜单中呈现数据。

（9）TreeView：以可展开节点的分层树的形式呈现数据。

各个数据绑定控件的相关知识同样在第 8 章中学习。

4.7　小结

本章简单地学习了 ADO.NET 的相关知识，虽然涉及了 ADO.NET 的各个知识点，但是各个知识点的内容并没有深入讲解，只是将常用的 ADO.NET 的开发做了简单概述和实例学习，更多 ADO.NET 的知识在本书的第二、三部分中讲解。

第 5 章　Web 开发基础知识

本章将简单讲解 Web 项目开发中需要掌握的基础知识，为后面章节的学习奠定基础。

5.1　Web 开发基础知识简介

Web 项目的开发是一个需要综合运用多种编程技术的工作，从命名上就可以看出来 Web 项目是运行在网络上的，并利用浏览器呈现的项目。浏览器的呈现需要掌握关于呈现和用户交互的技术——HTML 和 JavaScript、CSS。运用 ASP.NET 2.0 进行项目开发，它的后台程序是由 C#或 VB.NET 语言编写的，Web 项目主要用于操作数据库，所以必须使用 SQL 语句和数据库打交道。HTML、JavaScript、C#和 SQL 以及 ASP.NET 是进行 Web 开发需要掌握的知识。

本书主要讲解 ASP.NET 2.0 应用于 Web 项目开发，所以对 HTML、JavaScript、CSS 和 SQL 不进行详细介绍，仅在本章中为读者展示一些基础的以及常用的知识，关于这几种语言读者可以翻阅一些相关书籍详细了解。

5.2　HTML 语言

超文本标记语言（HTML，Hypertext Markup Language）是由标记文档内特定元素的一些列标签组成的，当前最新的 HTML 版本是 4.0.1；可扩展标记语言（XHTML，Extensible Markup Language）已经成为新的标准，XHTML1.0 包含 HTML 版本 4.0.1 的内容；HTML 和 XHTML 都是由 W3C（万维网联盟）负责制定的，是所有浏览器的执行语言的标准。

HTML 是伴随着因特网诞生的，正是 HTML 的出现和浏览器的应用使得因特网迅速普及。HTML 的主要目的是描述文本布局和超文本链接，是由标签、属性和内容组成的文本结构的文档。接下来分别介绍一下标签、属性和内容。

1. 标签

标签分为开始标签和结束标签，当然也有单独的标签即开始标签和结束标签合二为一。标签是用"<"和">"括起来的部分，开始标签和结束标签的区别是结束标签在"<"之后是"/"字符，如<span>hello world!</span>中，开始标签是<span>，结束标签是</span>；而独立标签处在 XHTML 的最后。">"之前是"/"字符，如
，这就是一个独立标签，实际上，独立标签针对没有内容的标签，它们的结束标签可以省略。

2. 属性

属性是指某类标签所具有的特征，可以在开始标签中为属性赋值，例如<span class="text">hello world!</span>中，class 就是 span 标签的属性，它被赋值为"text"。

> **注 意** 属性只能在开始标签中定义。

3. 内容

内容就是开始标签和结束标签之间的文字，例如 <span class="text">hello world!</span>中，"hello world!"就是标签的内容。

4. 结构

了解了标签、属性和内容，接下来了解一下 HTML 的结构。先来看一个简单的 HTML 实例。如下所示。

【实例 1】

```
<HTML>
    <head>
        <title>图书管理系统首页</title>
    </head>
    <body>
        <span>欢迎光临图书管理系统！</span>
    </body>
</HTML>
```

可以看到，HTML 内容必须包含在 HTML 标签中，而整个内容文为两个部分，头部信息（head）和内容信息（body）。头部用来放置文档标题和文档适用的字符集及浏览文档需要加载的文件等信息；内容用于存放浏览器需要呈现的内容。

5.2.1　头部信息

头部信息（head 标签内）的主要组成如表 5-1 所示。

表 5-1　head 标签

标 签 名	说　明
title	文档的标题，在浏览器窗口标题中显示
meta	提供文档的附加信息，有 name 和 content 属性，可以用来定义文档的 keywords，用于搜索引擎识别，由 charset 定义文档的字符集
link	定义当前文档需要引用的文档，多用于定义引用的 JavaScript 文件，使用 href 属性定义目录和文件名
script	定义当前文档中被调用的脚本，即定义 JavaScript 脚本
style	创建 CSS 样式表，为整个文档的显示提供样式

5.2.2　内容信息

介绍了内容信息（body 标签内）的主要组成如表 5-2 所示，body 标签包含定义整体文档呈现的属性。

表 5-2　body 标签

属 性 名	说　明
background	定义背景图片的 URL
bgcolor	定义背景的颜色
leftmargin	内容的左边距像素数
topmargin	内容的顶边距像素数

HTML 中主要显示文字、超链接文字和图片，显示这些内容还需要页面的布局定义，所以先分别介绍各个类型的标签的使用说明。

1．文本的流布局标签

如表 5-3 所示为文本的流布局标签的主要组成。

表 5-3　文本的流布局标签

标 签 名	说　明
div	将文本分为独立的不同的部分，分别控制它们的位置、大小、颜色等各类样式，通过 align 属性控制文本为左对齐（left）还是右对齐（right）或居中对齐（center）
p	表示一个段落，一般的段落的间距大于 br 标签的间距
br	表示换行，结束本行，在新的一行显示剩下的文本内容

2．标题标签

HTML 语言中设置了 6 个等级的标题样式，分别是\<h1>、\<h2>、\<h3>、\<h4>、\<h5>、\<h6>，依次是从最高到最低的排列。这些标题标签在文本显示中呈现文本内容部分的标题内容。

3．文本的样式标签

如表 5-4 所示为文本的样式标签的主要组成。

表 5-4　文本的样式标签

标 签 名	说　　明
b	将文本显示为粗体
i	将文本显示为斜体
u	在文本下显示下划线

4．文本的格式化标签

如表 5-5 所示为文本的格式化标签的主要组成。

表 5-5　文本的格式化标签

标 签 名	说　　明
ul	无序列表，每个列表条目的开始是圆点
ol	有序列表，每个列表条目的开始是数字，并从 1 向后排列
li	列表条目，嵌套在 ul 或 ol 中使用

5．超链接文字标签

使用 a 标签来定义超链接文本，图片也可以作为 a 标签的内容来显示一个超链接，主要的属性是 href，href 属性的值是超链接所链接的目的文件地址，示例如下：

```
<a href="HTTP://www.sokezone.com">搜客天下</a>
```

页面中显示"搜客天下"4 个字，而用鼠标单击则链接到 HTTP://www.sokezone.com 网址；另外一个主要属性是 target，是指超链接在什么位置打开，可以是本页面（target="_self"），也可以是新的页面（target="_blank"），还可以是框架中的父页面（target="_parent"），甚至是框架的顶级页面（target="_top"）。

6．图片标签

使用 img 来定义图片标签，允许在文本流中直接插入图片，其主要属性有以下几种。

（1）src：定义 img 标签显示的图片的 URL。

（2）alt：定义图片不能被显示时显示的值，或者是鼠标放到图片上方时显示的文字。

（3）align：定义图片的对齐属性，可以设置为 left,right,center,middle 和 bottom 中的一个。

（4）border：图片的边框像素数。

（5）height：图片的高度像素数。

（6）width：图片的宽度像素数。

7．表格类型标签

初学者在网页布局时最喜欢用 table，因为它使用比较方便，也无需用复杂的样式表就可以定位，但网页开发高手的布局更多使用 div，因为 div 灵活，并且不用太多的代码和嵌套。

从名称就知道 table 是为了实现表格用的，表格分为行和列，tr 代表行，td 代表行中的某列。实例 2 定义了一个表格，分为两行，每行各有三列。代码如下所示。

【实例 2】

```
<table>
    <tr>
        <td>hello world!</td>
          <td>hello world!</td>
          <td>hello world!</td>
    </tr>
    <tr>
          <td>hello world!</td>
          <td>hello world!</td>
          <td>hello world!</td>
    </tr>
</table>
```

实例 2 在网页中显示效果如图 5-1 所示。

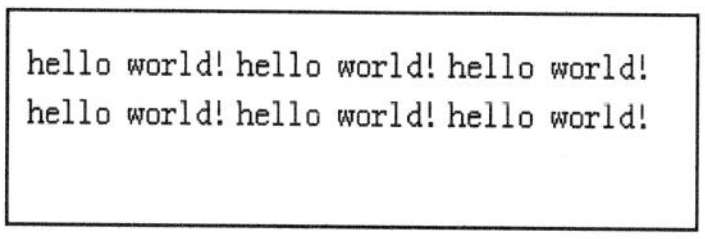

```
hello world! hello world! hello world!
hello world! hello world! hello world!
```

图 5-1　实例 2 运行效果

接下来分别了解一下 table、tr、td 的重要属性。

（1）table 的属性：如表 5-6 所示为 table 的属性内容。

表 5-6　table 的属性

属 性 名	说　　明
background	定义 table 背景图片的 URL
border	定义表格的边框像素数
cellspacing	相邻的单元格之间的间距
cellpadding	单元格的边框和内容之间的距离
width	表格的整体宽度
height	表格的整体高度

（2）tr 标签的属性：它的用处比较少，只有 align 比较常用，很多标签都有这个属性，用于显示包含内容的水平对齐情况。

（3）td 标签的属性：如表 5-7 所示为 td 的属性内容。

表 5-7　td 的属性

属 性 名	说　　明
align	水平对齐设置
valign	垂直对齐设置
colspan	跨列数量，等于将几列的单元格合并为一个单元格
rowspan	跨行数量，等于将几行的单元格合并为一个单元格
width	单元格的宽度
height	单元格的高度

跨行和跨列的应用，初学者经常搞不清楚，实例 3 将实例 1 演示的表格改造一下，就可以看出两者的区别。

【实例 3】

```
<table border= "1">
    <tr>
        <td colspan =2>hello world!</td>
        <td rowspan =2>hello world!</td>
        </tr>
    <tr>
        <td>hello world!</td>
        <td>hello world!</td>
    </tr>
</table>
```

实例 3 在网页中的显示结果如图 5-2 所示。

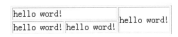

图 5-2　实例 3 执行效果

8. 表单类型标签

HTML 不仅可以为用户显示信息，还可以与用户交互，用户通过填写表单将自己的数据传递给 Web 服务器。正是 Web 的方便性和表单应用的灵活性才使得 B/S 模式的应用开发在商务软件中流行起来。表单包含了输入框、按钮、选择框、下拉框和文件上传等应用，它们都被包含在 form 标签中。如表 5-8 所示为 form 标签的主要属性。

表 5-8　form 的属性

属 性 名	说　　明
action	表单提交后，接收表单和处理表单的页面的 URL
method	设置表单提交的方式，可以有 post 和 get 两种提交方式，get 方式是将需要提交的信息放置到 action 定义的 URL 之后提交；而 post 方式是将信息组成新的数据，在连接 Web 服务器时单独提交
target	设置提交信息的页面的打开位置，类似于 <a> 标签的 target 属性
onSubmit	当表单提交时触发 onSubmit 事件，可以在该事件中验证表单提交的控件输入是否符合要求

接下来了解一下表单中包含的控件的应用。

（1）<input> 标签：可以实现绝大多数表单控件，包括文本输入框、按钮、单选框、复选框、隐藏域等，主要由 type 属性控制。

- type=text：文本输入框，用于获取用户单行文本的输入。
- type=checkbox：复选框，用于获取用户对某个条件的选中和不选中。
- type=radio：单选框，用户获取一组条件中用户唯一选择的条件。
- type=submit：提交按钮，用于提交表单。
- type=reset：重置按钮，返回表单填写或修改前的状态。
- type=button：按钮，一般的按钮。
- type=file：文件上传选择控件。
- type=password：密码数据输入框，输入后数据显示为 "*"。
- type=hidden：隐藏字段，在网页界面中不显示，但在提交时将信息提交。

（2）<textarea> 标签：多行文本框输入允许用户输入多行文字。

（3）<select> 标签：多选或单选菜单，可用列表或下拉方式实现数据的选择，增加 multiple 属性可以设置多选，否则为单选，size 属性控制用户一次可以浏览几个选项，默认值是 1。

<option>标签定义了 select 标签的单个选项，value 属性是选中后传递的值；<option> 的内容是选项显示的文本。

HTML 语言中有以下两个特殊的常用知识点。

（1）注释：将文本注释可以让浏览器不解释这段文字，HTML 语言中的注释用 "<!--" 与 "-->" 标记括起来表示。

（2）字符的转义：由于 HTML 语言中 "<" 和 ">" 被作为标签的标识使用，所以必须将文本中可能出现的关键字进行转移，HTML 的转义字符如表 5-9 所示。

表 5-9　常用 HTML 的转义字符

转义前	转移后
"	&quot;
&	&amp;
<	&lt;
>	&gt;
空格	

接下来，运用上面学习的知识实际开发一个 HTML 页面。如实例 4 所示。

【实例 4】

```
<HTML>
<head>
<title>图书管理系统</title>
</head>
<body bgcolor="red">
<h1>图书管理系统首页</h1>
<p />
<div align="left">
  这是我们的一个<b>HTML</b>语言学习的测试页。
<br />
在这里我们练习<i>HTML</i>语言中的各个常用的标签及其属性的用法，这些标签包括：
<br />
<ul>
<li>&lt;HTML&gt;</li>
<li>&lt;head&gt;</li>
<li>&lt;body&gt;</li>
</ul>
<form method=GET action="1.HTML">
<table width="600" border="1">
```

```
<tr>
<td width="25%">输入框</td>
<td width="25%"><input type=text name=txtput value="test"></td>
<td width="25%">单选框</td>
<td width="25%"><input ID=all type=radio name=meta value="" checked></td>
</tr>
<tr>
<td width="25%">复选框</td>
<td width="25%"><input type=checkbox name=txtput value="test"></td>
<td width="25%" rowspan=2>选择</td>
<td width="25%" rowspan=2><select size="1" multiple="multiple" ID=
"multipleselect"><option value="HTML">HTML</option>
<option value="JavaScript">JavaScript</option></select></td>
</tr>
<tr>
<td width="25%">密码</td>
<td width="25%"><input type=password name=meta value="" checked></td>
</tr>
<tr>
<td width="50%" colspan=2 align="center"><input type=submit name=sbotton
value="提交"></td>
<td width="50%" colspan=2 align="center"><input type=reset name=rbotton
value="重置"></td>
</tr>
</table>
</form>
</div>
</body>
</HTML>
```

实例 4 运行效果如图 5-3 所示。

图 5-3　实例 4 运行效果

5.3 JavaScript 语言

上一节学习了 HTML 的使用，HTML 在交互性上还是比较单一的，仅仅能将用户的输入信息送回 Web 服务器，那如何在客户端的浏览器上实现更灵活的用户交互呢？这就需要学习本节介绍的 JavaScript 语言了。

JavaScript 最早是由 Netscape 公司开发并随 Navigator 导航者一起发布、介于 Java 与 HTML 之间、基于对象事件驱动的解释性编程语言。

JavaScript 的基本特征如下：

（1）语法类似 Java 语言；

（2）支持面向对象；

（3）变量声明弱类型，解释器在运行时检查其数据类型；

（4）解释性语言，采用动态编译。

下面先来写一个简单的例子，看看 JavaScript 是如何和 HTML 语句结合起来实现动态的交互效果的。在 HTML 的实例 1 的基础上编写实例 5。代码如下所示。

【实例 5】

```
<HTML>
    <head>
            <title>图书管理系统首页</title>
        <Script Language ="JavaScript">
            alert("欢迎光临图书管理系统！");
        </Script>
    </head>
    <body>
        <span>欢迎光临图书管理系统！</span>
    </body>
</HTML>
```

执行实例 5 将弹出如图 5-4 所示的窗体，单击"确定"按钮就可以关闭并正常显示页面。

图 5-4　实例 5 运行效果

从上面的例子来看，JavaScript 是比较简单的，只用了三行代码就写出一个可以运行的程序。

5.3.1　JavaScript 的代码设置

JavaScript 可以在 HTML 文件的 head 标签中，也可以在 body 标签中，还可以单独在一个 JS 文件中，通过 script 标签引入。

实例 5 是将 JavaScript 放在 head 标签中，使用 script 标签定义，下面将该代码的 script 标签及其内容移动到 body 标签内，看看会出现什么效果。如实例 6 所示。

【实例 6】

```
<HTML>
    <head>
        <title>图书管理系统首页</title>
    </head>
    <body>
        <span>欢迎光临图书管理系统！</span>
        <Script Language ="JavaScript">
            alert("欢迎光临图书管理系统！");
        </Script>
    </body>
</HTML>
```

实例 6 运行结果如图 5-5 所示。

图 5-5　实例 6 执行效果

可以看到不同于实例 5，实例 6 运行时页面弹出对话框时后台 HTML 语句已经得到执行，显示出了"欢迎光临图书管理系统！"的文本，而实例 5 是在单击"确定"按钮后才显示的该文本。这两个例子的最大区别是 JavaScript 的执行时机不一样。

接下来，将 JavaScript 脚本移动到 JS 文件中，在 HTML 中引入，首先将 script 标签中的内容移动到一个新建的文件中，文件名叫"test.js"，test.js 文件中就一句代码，如下所示。

```
alert("欢迎光临图书管理系统！");
```

然后修改原 HTML 代码如下：

```
<HTML>
    <head>
            <title>图书管理系统首页</title>
        <script type="text/JavaScript" src="test.js"></script>
    </head>
    <body>
        <span>欢迎光临图书管理系统！</span>
    </body>
</HTML>
```

其运行时会出现本章实例 5 的状况。

5.3.2 JavaScript 的基本数据类型

JavaScript 数据类型分为值类型和引用类型，跟多数面向对象程序设计语言一样，值类型变量被存储在栈内，在变量访问的位置直接存储值；而引用类型存储在堆内，变量访问的位置存储的是值的指针。

1．JavaScript 的值类型

JavaScript 的值类型主要有 5 种数据类型，分别是 number,string,Boolean,null 和 undefined。

（1）number   数值数据类型：可以表示 32 位的整数，也可以表示 64 位的浮点数，还可以表示 8 进制或者 16 进制的数。

- 数据赋值：使用 var num = 5;或 var num=5.0;的方式赋值。
- 数据转换：可以通过 parseInt()和 parseFloat()方法转换成整数和浮点数。

注意 JavaScript 的数字转换可以将字符"123abc"转移成数值，结果是 123。

（2）string   字符串类型：JavaScript 可以用双引号(")和单引号（'）来声明一个字符串。

- 数据赋值：使用 var txt = "hello world! ";的方式赋值。
- 数据转换：各个类型转换为字符串类型使用 toString()方法。

（3）Boolean   布尔类型：主要有 true 和 false 两个值构成，表示是和否。

（4）null　空类型：主要有一个值 null，表示不存在的对象，注意不是没有赋值的对象，而是没有声明的。

（5）undefined　未初始化类型：主要有一个值 undefined，表示对象已被声明而没有被初始化，是从 null 类型派生而来的。

2．JavaScript 的引用类型

JavaScript 的引用类型主要是 object 类型以及从 object 类型继承的其他类型。

3．JavaScript 的数组类型

JavaScript 的数组类型通过 Array 来定义，Array 对象是一个对象的集合，里边的对象可以是不同类型的。数组的每一个成员对象都有一个"下标"，用来表示它在数组中的位置。例如，声明一个 Array 对象，代码如下：

```
var bookList = new Array();
```

也可以声明和赋值合并，代码如下：

```
var bookList = new Array("ASP.NET 开发技术",".NET 开发经典");
```

> **注意**　JavaScript 不支持多维数组。

4．JavaScript 的数据计算

JavaScript 提供了数据计算的独立对象 Math，Math 对象提供了包含余弦正弦、四舍五入后的值、平方根等数学运算方法。

5.3.3　JavaScript 的运算符

JavaScript 提供了丰富的运算符，此处仅仅简单介绍一下，如表 5-10 所示。

表 5-10　JavaScript 的运算符

名　　称	说　　明
一元运算符	前增/前减 ++i/--i 先运算再赋值 后增/后减 i++/i-- 先赋值再运算
数学运算符	(+)/(-)/(*)/(/)加减乘除 %取模 计算相除的余数
关系运算符	(>)/(>=)/(<)/(<=)大于/大于等于/小于/小于等于

名　　称	说　　明
逻辑运算符	=等于 !=不等于
布尔运算符	NOT 否运算 AND 与运算 OR 或运算

5.3.4　JavaScript 的语句和函数

JavaScript 支持编程语言中主要的语句。

1．条件语句

if 语句是主要的条件判断语句，其基本语法如下：

```
if (条件表达式) {表达式一} else {表达式二}
```

如果条件表达式成立（值为 true）执行表达式一，否则执行表达式二。如实例 7 所示。

【实例 7】

```
var i=10;
if (i>10)
{
    i=20;
}
else
{
    i=10;
}
```

if 语句还可以用于多层判断，示例如下：

```
if (条件表达式一) {表达式一} else if (条件表达式二) {表达式二} else {表达式三}
```

2．循环语句

（1）while：最基本的循环语句类型之一，判断条件是否成立，成立就执行，直到条件不成立。基本语法如下：

```
while (条件表达式) {表达式}
```

实例 8 演示如何用 while 语句计算 0~9 之和。

【实例 8】

```
var i=0;
var sum=0;
while(i<10)
{
    sum=sum+i;
    i++;
}
```

（2）do while：与 while 循环类似，但 do while 无论条件是否成立总会执行一次，是先执行后判断，而 while 循环是先判断后执行。基本语法如下：

```
do {表达式} while (条件表达式)
```

实例 9 演示如何用 do while 计算 0～9 之和。

【实例 9】

```
var i=0;
var sum=0;
do
{
    sum=sum+i;
    i++;
}while(i<10)
```

（3）for：最常用的循环语句，一般用于遍历数组或持续执行。判断 for 循环的条件表达式，如果成立就继续执行。基本语法如下：

```
for(初始化表达式;条件表达式; 赋值表达式) { 表达式}
```

实例 10 用 for 语句实现实例 8 的功能。

【实例 10】

```
var sum=0;
for(var i =0;i<10;i++)
{
    sum=sum+i;
}
```

函数是代码块组合的声明，通过调用函数名实现执行函数包含的代码块，是 JavaScript 代码复用的很好体现。

3. 声明函数

JavaScript 的函数声明很简单，基本语法如下：

```
function 函数名(参数一, 参数二, ...)
{
    表达式;
}
```

实例 11 实现计算 0 与输入参之和的函数。

【实例 11】

```
<script language="JavaScript">
function GetSum(n)
{
    var sum=0;
    for(var i=0;i<n;i++)
    {
        sum=sum+i;
    }
}
</script>
```

4. 调用函数

通过直接输入函数名和参数就可以调用定义好的函数。注意调用函数一定在声明后进行。示例如下:

```
GetSum(10);
```

5. 获得返回值

函数分为有返回函数和无返回函数,有返回函数直接在函数体中增加 return 变量就可以了,改造实例 11GetSum 函数为有返回值函数,代码如下:

```
<script language="JavaScript">
function GetSum(n)
{
    var sum=0;
    for(var i=0;i<n;i++)
    {
        sum=sum+i;
    }
    return sum
}
</script>
```

5.3.5　JavaScript 与 HTML 对象和浏览器的交互

JavaScript 主要通过使用和控制 HTML 中的对象的属性或方法来实现让用户端动态交互。JavaScript 控制 HTML 的哪些对象呢？主要是 Window 对象，而 Window 对象又包含了很多细化的对象，包括 Location（URL 地址）、Document（文件属性）和 History（历史）等，这里最主要的是 Document，Document 包含了 HTML 页面的主要内容，如表单和 HTML 标签等，接下来分别介绍一下几个主要对象的用法。

1. Window 对象

Window 对象位于 JavaScript 语言对象的最顶层，它操作浏览器窗体和对话窗体。

（1）主要属性。

parent：窗体的父窗体。

opener：打开本窗体的窗体。

screenLeft：窗体内容到屏幕的左边距。

screenTop：窗体内容到屏幕的上边距。

（2）主要方法。

● 对话窗体类。

alert：弹出消息对话框。

confirm：弹出确认对话框。

prompt：弹出查询对话框。

● 浏览器窗体类。

open：打开新窗体。

close：关闭窗体。

focus：使窗体获得焦点。

setTimeOut：在一定时间后执行。

print：打印。

● 主要事件。

onload：窗体被加载时执行的函数。

onunload：窗体被关闭时执行的函数。

2. Document 对象

Document 对象代表着一个 Window 对象所包含的内容，也就是 HTML 部分内容。可以通过 Document 对象及其下级对象访问和操作浏览器呈现的内容。

（1）主要属性。

title：标题。

bgColor：背景颜色。

（2）主要方法。

write：将指定的内容输出到网页中。

getElementByID：通过 ID 名找到页面元素。

getElementsByName：通过 Name 找到页面元素。

（3）主要事件。

onclick：鼠标单击事件。

onmouseover：鼠标滑过事件。

3．Form 对象

Form 对象是 Document 对象的下一级对象，对应着页面中的表单部分的操作，可以通过 Form 对象来完成页面提交验证和控件联动等功能。

（1）主要属性。

action：表单提交的 URL。

method：提交类型。

（2）主要方法。

submit：表单提交。

reset：表单重置。

（3）主要事件。

onsubmit：表单提交事件。

onreset：表单重置事件。

到这里，JavaScript 的基础知识就讲解完了，对 JavaScript 的深入学习需要读者在以后的开发中进行。

5.4　CSS 样式表

CSS 是 Cascading Style Sheets 的简称，中文译做"层叠样式表单"，是用于控制网页样式并允许将样式信息与网页内容分离的一种标记性语言。

CSS 可以方便地定制控件的外观属性，并且被各个浏览器兼容。下面从 CSS 的定义和引用等几个方面简单介绍 CSS。

1．定义

CSS 有多种方式对控件样式进行定义。

（1）直接定制每种控件的显示风格，示例如下：

```
input
{
    border: 1px solid #0273a5;
    font-size: 12px;
}
```

此 CSS 定义了所有 input 控件的字号，边框等。

（2）定制一种风格，并命名为一个类，只需要定制一个控件的显示风格即可，示例如下：

```
.box {
    margin: 0 0 20px 0;
    padding: 0 0 12px 0;
    font-size: 85%;
    line-height: 1.5em;
    color: #666;
    background: #fff url(Images/box-b.gif) no-repeat bottom right;
    }
```

所有 class 属性为 box 的控件，在使用以上定义的 CSS 后，都将有定义的显示风格，示例如下：

```
< div class="box">hello</div>
```

（3）为所有页面中 ID 相同的控件定制一种外观，示例如下：

```
#wrap {
    min-width: 500px;
    max-width: 1400px;
    background: url(Images/wrap-bg.gif) repeat-y 70% 0;
    }
```

这段 CSS 表示所有 ID 为 wrap 的控件，使用上面的 CSS 外观属性，示例如下：

```
<div ID=" wrap">word</div>
```

以上即为 CSS 的几种对控件样式进行定义的方式，可以灵活使用。

小技巧 如果定义多种控件有相同的外观，可以用"，"将多种控件隔开，示例如下：

```css
input, select, textarea
{
    border: 1px solid #0273a5;
    font-size: 12px;
}
```

同时定义了 input, select, textarea 三种空间的外观。

还可以进行嵌套式的定义，示例如下：

```css
.con .con2
{
    float: left;
    width: 270px;
}
```

这种写法，就是定义了 class 为 con 的控件内部，class 为 con2 的控件样式。示例如下：

```html
<div class="con"><div class="con2">hello</div></div>
```

2. 将 CSS 加入到网页中的方式

有三种方式可以将 CSS 添加到网页中。

（1）链入外部样式表文件：先建立外部样式表文件（.css），然后使用 HTML 的 link 对象将 CSS 样式表添加到网页中。示例如下：

```html
<HTML>
<head>
<title>图书管理系统</title>
<link link rel="Stylesheet" type="text/css" href="test.css">
</head>
…
```

（2）在网页内部定义样式表：可以直接在网页中定义样式表，但这样做不利于样式表的复用。示例如下：

```html
<HTML>
<head>
<title>图书管理系统</title>
<style type="text/css">
<!--
body {font: 10pt "Arial"}
-->
```

```
</style></head>
…
```

（3）在样式表对应的对象中直接声明样式表。示例如下：

```
<div style="color: red;">hello</div>
```

3. 样式实现

CSS 主要用来定义 HTML 内容的位置、布局和呈现形态，根据不同的对象对应着不同的配置方式，这里就不一一介绍了。读者对样式表感兴趣，可以去查看相关的 CSS 帮助文档和相关书籍。

5.5　SQL 语言

SQL（Structured Query Language，结构化查询语言）是一种专门用来与数据库通信的语言，是常用的数据库都支持的、标准的语言。

标准 SQL 语言由 ANSI 标准委员会管理，称为 ANSI SQL，目前最新版本是 ANSI SQL 97。主流的数据库都支持 ANSI SQL，但各个数据库也都有自己独特的关键字和用法，甚至一个产品的不同版本都有所差异，读者在以后使用 SQL 进行数据库开发的时候应注意了解使用的数据库的 SQL 语言特色。

5.5.1　数据库的主要组成部分

数据库的主要组成包含表、视图、存储过程等。

（1）表：表是数据库中主要的对象，用于存储用户的数据。

（2）视图：一个或多个表组合的、方便数据重新组合并浏览的一种方式。

（3）存储过程：存储过程是数据库中一组预先定义并编译好的 SQL 语句，它可以接收参数，返回执行状态和输出参数。使用存储过程可以提高数据库访问的性能和效率，原因有两点，其一，预先对 SQL 语句进行编译，减少运行时编译花费的时间；其二，SQL 语句的运算发生在数据库服务器中，减少运算过程中数据的传输。

5.5.2　SQL 对数据库的主要操作

对于 SQL 语句的学习，下面用图书管理系统项目的数据库来演示 SQL 的主要操作。

1. SQL 语句演示

（1）登录 www.broadview.com.cn，在"资源下载"区域下载本书附赠的代码资源，打开第一个图书管理系统项目的目录，找到"LibraryMS.sln"文件，并双击该文件，将会自动打开 LibraryMS 项目。

（2）VS2005 项目加载完成后，在开发工具的左边浮动窗体中选择"服务器资源管理器"，将会看到"数据连接"节点下有"LibraryMS.mdf"节点。单击"LibraryMS.mdf"左边的加号，将出现该数据库的所有类型，选择"表"左边的加号，将出现数据库中所有的表，在任何一个表上方单击鼠标右键，将会出现如图 5-6 所示的弹出窗体，选择"新建查询"，将出现查询页面，取消自动向导选择，用自己编写的 SQL 语句来演练 SQL 的用法。

图 5-6　新建查询

（3）先把与 SQL 语句练习不相关的区域清除，如图 5-7 所示，在"查询设计器"的主菜单下选择"窗格"，在窗格的二级菜单中，取消选中"关系图"和"条件"选项，这样就剩下"SQL"和"结果"两个选项，如图 5-8 所示。

图 5-7　显示结果设置

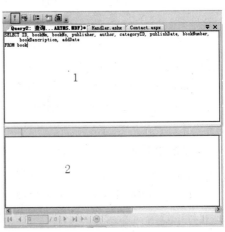

图 5-8　结果显示区域介绍

标记为 1 的区域是输入 SQL 语句的，标记为 2 的区域是显示执行结果的，最顶部的 ⚡ 是执行 SQL 语句按钮。

2. 常用的 SQL 语句

（1）查询——select。

```
select select_list
[ into new_table ]
from table_source
[ where search_condition ]
[ group by group_by_expression ]
[ having search_condition ]
[ order by order_expression [ ASC | DESC ] ]
```

① 获取表的全部列和内容。

- 语法：select * from 表名
- 解释：*代表所有列，from 后边的表名是指从哪个表中查询。
- 案例： select * from book 查询 book 表中的所有记录，可以将这段 SQL 语句输入到 VS2005 的 SQL 区，并单击 ⚡ 察看结果。

② 获取表中特定列的全部内容。

- 语法：select 列名 1，列名 2… from 表名
- 解释：列名 1、列名 2 等分别是表中的列。
- 案例：select bookNm, bookNo, publisher, author from book

③ 获取表中固定行数的内容。

- 语法：select top 行数 列名 1，列名 2… from 表名
- 解释：行数就是我们要求的固定行数。
- 案例：select top 10 bookNm, bookNo, publisher, author from book

④ 更改输出结果的列名。

- 语法：select 列名 1 as 输出列名，列名 2… from 表名
- 解释：利用 as 关键字可以将列名在输出时改变为输出列名。
- 案例：select bookNm as bookName, bookNo, publisher, author from book

⑤ 过滤重复项。

- 语法：select distinct 列名   from 表名
- 解释：利用 distinct 关键字可以过滤重复项，这类应用多在表中选取使用过的内容，例如，希望取出收藏图书的所有出版社信息，就可以使用这个方法来实现，否则将出现重复的出版社。

- 案例：select distinct publisher from book

⑥ 获取记录的个数。

- 语法：select count(*) from 表名
- 解释：利用 count 关键字可以获取记录的条数。
- 案例：select count(*) from book

⑦ 获取表中符合条件的记录。

- 语法：select * from 表名 where 列名=值
- 解释：利用 where 语句后的语句是限定获取的记录的条件，一般是使用列名等于一个定值或表达式。例如，希望得到电子工业出版社出版的所有图书记录，可以按案例编写代码。
- 案例：select * from book where publisher = '电子工业出版社'

⑧ 获取多个条件约束的记录。

- 语法：select * from 表名 where 列名 1=值 and 列名 2=值
- 解释：where 语句的条件可以多个，条件之间用 "and" 连接。例如，希望得到电子工业出版社 2006 年后出版的所有图书记录，可以按案例编写代码。
- 案例：select * from book where publisher = '电子工业出版社' and publishDate > '2005-12-31'

⑨ 获取在某个范围内的记录。

- 语法：select * from 表名 where 列名 between 值 1 and 值 2
- 解释：where 语句的条件如果是可比较大小的类型，例如，数值、货币或日期类型，可以使用范围函数，效果等于一个大于等于值 1 和小于等于值 2 的 and 条件的合并。例如，希望得到 2006—2007 年出版的所有图书记录，可以按案例编写代码。
- 案例：select * from book where publishDate between '2006-1-1' and '2006-12-31'

⑩ 获取任意符合其中一个条件的记录。

- 语法：select * from 表名 where 列名 1=值 or 列名 2=值
- 解释：where 语句的条件也可以用 "or" 连接，表示这两个条件是 "或" 关系，任何一个成立都符合。例如，希望得到电子工业出版社出版的或是 2006 年后出版的所有图书记录，可以按案例编写代码。
- 案例：select * from book where publisher = '电子工业出版社' or publishDate > '2005-12-31'

⑪ 输出按照某些列排序。

- 语法：select * from 表名 order by 列名 desc
- 解释：利用 order by 语句可以对输出的记录进行排序，desc 是倒序，asc 是正序。例如，希望得到记录按照出版事件先后进行排序，可以按案例编写代码。
- 案例：select * from book order by publishDate desc

⑫ 两个表联合查询。

- 语法：select 表 1.列名 1,表 2.列名 2 from 表 1 表 2 where 表 1.列名 2=表 2. 列名 1
- 解释：利用两个表的联合查询可以组合表的内容显示。例如，希望得到图书以及分类的信息，可以按案例编写代码。
- 案例：select book.bookNm,bookCategory.CategoryNm from book, bookCategory where book.CategoryID = bookCategory.ID

⑬ 统计查询。

- 语法：select sum(列名) from 表名
- 解释：使用 sum（求和）、avg（平均）、max（最大值）、min（最小值）函数可以获得统计结果。例如，希望得到所有图书的总数量，可以按案例编写代码。
- 案例：select sum(bookNumber) from book

⑭ 分组统计。

- 语法：select 列名 2,sum(列名 1) from 表名 group by 列名 2
- 解释：可以使用 group by 对列进行分组，分组后可以使用统计函数计算，注意使用分组后，只能显示在 group by 后分组的列。例如，希望得到图书中各个出版者的总书数，可以按案例编写代码。
- 案例：select publisher ,sum(bookNumber) from book group by publisher

⑮ 分组统计过滤。

- 语法：select 列名 2,sum (列名 1) from 表名 group by 列名 2 having sum (列名 1)>值
- 解释：可以使用 having 对分组后的结果进行过滤。例如，希望得到图书中各个出版者的总书数并且图书数大于 10 本，可以按案例编写代码。
- 案例：select publisher ,sum(bookNumber) from book group by publisher having sum(bookNumber)>10

（2）插入记录——Insert。

- 语法：insert into 表名 (列名 1, 列名 2...) values (值 1,值 2...)

- 解释：使用 Values 后面的值可以和前面表中的列一一对应，插入数据库，例如，希望将一条记录插入 book 表，可以按案例编写代码。
- 案例：insert into book (bookNm, bookNo) values ('ASP.NET 技术开发','594353435')

（3）更新记录——Update。

- 语法：update 表名 set 列名 1=值 1, 列名 2=值 2 where 条件
- 解释：使用 Update 语句可以将表中列的值更新，条件在 where 中定义，例如，希望更新创建的记录，可以按案例编写代码。
- 案例：update book set bookNm='ASP.NET 技术开发', bookNo= '594353435' where ID=1

（4）删除记录——Delete。

- 语法：delete 表名 where 条件
- 解释：使用 delete 语句可以删除某些记录，删除的记录由 where 后的条件确定，例如，希望将创建的记录删除，可以按案例编写代码。
- 案例：delete from book where ID=1

5.6 小结

本章简单地学习了 Web 项目开发需要掌握的基础知识，通过学习可以看到，Web 项目开发是一个对技术要求比较高的开发过程，不像很多初学者原先认为的那样，就只是鼠标拖曳一下，键盘多按两下就可以开发出一个 Web 项目了。本章仅是多个知识点的简要介绍，目的是帮助读者更好地理解后面的开发过程。对于每一个知识点，读者看到的都是一些常用的知识，希望读者能够去阅读一些相关的专著，详细了解各种编程语言的使用技巧。

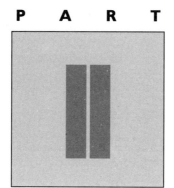

第二部分　图书管理快速开发项目

第 6 章　项目起步

第 7 章　页面复用与一致性

第 8 章　页面编程

第 9 章　站点导航和站点地图

第 10 章　成员资格管理

第 6 章　项目起步

本章将介绍图书管理系统开发开始阶段需要完成的工作，读者可以了解图书管理系统开发案例是如何进行分析、设计的。

6.1　项目介绍

本书介绍的项目是设计和开发图书管理系统，为什么选择开发图书管理系统呢？主要考虑到绝大多数读者朋友都熟悉图书管理和借阅的流程，因而无须花太多的时间和精力让读者了解实际的需求、系统参与者之间的关系以及主要事件的流程，而且读者比较容易了解项目的各个开发功能的目的和关联。

好了，下面一起进入这个图书管理系统的设计和开发过程吧。

6.1.1　项目分析

分析、设计、开发、测试是软件工程中最主要的 4 个过程，项目分析是项目开发的第一个环节。项目分析的主要作用就是分析项目需求，找出项目参与者和主要事件，分析事件中参与者的动作和对象的状态变化，找出项目开发的边界。项目分析主要是为了解问题域的各个问题，所以一般不对系统的逻辑细节进行细化，只勾勒系统的主要框架。

项目分析有确定开发项目的方向的作用，在各个不同的开发方法论中都处于非常重要的位置。目前主流的描述分析结果的形式是用 UML（统一建模语言），UML 的相关知识所涉及的范围可能比用 ASP.NET 进行 Web 开发还要广泛，因此就不在本书讲述。考虑初学者大多没有系统学习过 UML，本书又是以介绍项目开发为中心的书籍，所以下面仅用文字方式来简单描述一下系统分析的结果，但这并不代表软件需求分析不重要，请读者记住，软件需求分析是软件开发过程中最容易疏忽的环节，很大比例开发失败的软件项目，是由于需求分析失误造成的。

6.1.2 项目目标

图书管理系统的项目目标是对图书进行数字化管理，增强图书信息的透明度，增加图书借阅和归还管理的效率，增强借阅者自我管理和参与能力。

6.1.3 项目参与者

图书管理系统主要有图书管理员、图书借阅者两个参与者。图书管理员负责管理图书以及执行借阅者的借阅、图书归还操作和批准借阅者的延期借阅申请；图书借阅者可以查询图书、借阅或归还图书，也可以对已借阅的图书进行延期借阅申请。

6.1.4 项目流程

（1）传统的图书管理流程。

① 借阅卡办理：

学生凭学生证提交借阅卡办理申请→图书管理员办理借阅卡

② 借阅流程：

借阅者检索图书→去图书馆找到需要的书并交给图书管理员→图书管理员在借阅卡中登记图书→借阅者拿走借阅的图书

③ 还书流程：

借阅者将需要归还的书交给管理员→图书管理员在借阅卡中注明还书→图书管理员将图书归位

④ 延期借阅流程：

借阅者选择当前借阅图书提出延期借阅申请→图书管理员审批借阅者的申请

传统中的图书管理流程比较简单，主要由 4 个流程组成，现在希望通过网络的模式来实现图书的借阅和管理，因为信息传递途径改变，所以对应的流程也需要有很大的变化。

（2）图书管理系统的管理流程。

根据分析和设计，将开发出的图书系统的流程应有以下几个。

① 图书查询预览：借阅者可以按照分类、最新图书和关键字搜索的方式来查询图书，并可以预览图书的基本信息和图书图片。

② 借阅者信息维护：借阅者可以维护自己的借阅信息，及时更新自己的联系方式，

便于图书管理工作顺利进行。

③ 借阅信息浏览：借阅者可以浏览自己曾经借阅的图书信息，便于及时归还图书或申请图书延期归还。

④ 借阅者申请图书归还延期：借阅者可以提交图书归还延期申请，如果图书管理员同意该申请，借阅者可以将图书延期归还。

⑤ 借阅者信息查询：图书管理员可以查询借阅者的基本信息，方便及时通知借阅者图书管理的各个事项。

⑥ 图书目录管理：图书管理员可以管理图书的目录，方便借阅者按照分类浏览现有图书。

⑦ 图书管理：图书管理员可以添加、修改和删除图书信息，便于将图书信息公布在系统中，方便借阅者浏览查询。

⑧ 图书借阅操作：图书管理员响应借阅者的图书借阅操作，将借阅者的借阅图书登记在系统中。

⑨ 图书归还：图书管理员响应借阅者的归还图书操作，将借阅者的图书归还登记在系统中。

⑩ 图书延期归还申请审批：图书管理员审批借阅者的延期归还申请。

6.2 项目设计

项目分析完成后，就明确了项目的开发方向，清楚了问题域，接下来就是解决问题域的工作了。

在项目正式编码之前，有些全局性的工作需要做在前面，这就是系统设计。面向对象的分析设计方法中，系统设计就是细化系统分析中的对象，站在开发的角度上重新设计类和数据结构以及系统功能。

下面介绍一下图书管理系统中的项目设计的结果，重点介绍项目功能模块描述和数据结构表。

> **注 意** 项目设计中还有一个主要的任务——类和对象的设计（在面向对象的分析设计中，设计阶段最主要的工作）没有提及，主要是考虑初学者还没有面向对象的分析和设计经验，在初始项目中可以淡化这个过程，待设计开发了几个项目，对项目开发有了比较系统和整体的认识后再加强这方面的学习。面向对象的分析和设计中，先设计出类和对象结构，然后才导出对象的持久化结构，也就是数据结构。

6.2.1　项目功能模块

系统项目结构图如图 6-1 所示。

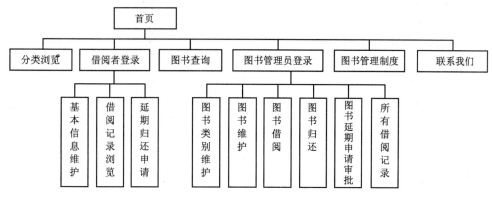

图 6-1　项目结构图

图书管理系统首页：整个系统的默认首页面，实现各个功能页面的链接并显示最新图书。

分类浏览：供借阅者使用，从图书目录的角度呈现图书列表，可以根据借阅者浏览选择具体图书的详细信息，也可以引导借阅者借阅图书。

图书查询：供借阅者使用，提供图书的检索，根据用户的查询条件呈现图书列表，可以根据借阅者浏览选择具体图书的详细信息，也可以引导借阅者借阅图书。

图书管理制度：呈现图书馆的管理制度，方便浏览。

联系我们：呈现图书馆相关部门的联系方式，方便联系。

借阅者登录：借阅者登录的入口，只有登录的借阅者才能浏览图书借阅列表。

借阅者基本信息维护：供借阅者使用，借阅者可以维护自己在系统中的基本信息。

借阅者借阅记录浏览：供借阅者使用，借阅者可以浏览自己借阅的书的列表和需要归还时间。

借阅者图书延期归还申请：供借阅者使用，借阅者可以对已经借阅的图书提出延期归还申请，如果图书管理员批准就可以延期归还图书。

图书管理员登录：图书管理员登录的入口，只有登录的图书管理员才能进行图书借阅和图书归还以及浏览所有借阅记录功能。

图书类别维护：供图书管理员使用，维护图书系统中图书的类别。

图书维护：供图书管理员使用，对图书进行添加、修改和报废操作。

图书借阅：供图书管理员使用，响应借阅者借阅图书的操作。

图书归还：供图书管理员使用，进行借阅者归还图书的操作。

图书延期申请审批：供图书管理员使用，进行借阅者归还图书的操作。

所有借阅记录：供图书管理员使用，呈现所有已借阅的图书列表，可以查看借阅者信息和借阅需要归还时间等信息。

6.2.2　数据结构设计

数据结构设计是项目开发中比较重要的环节，特别是信息化管理项目，数据结构设计的合理与否制约着后期的开发进度，一般数据库开发项目的开发进度的主要参考指标就是完成了几个表的开发。在项目变更和项目后期的部署以及维护中，数据结构设计是最主要的制约因素。通过分析项目中的对象、对象的特殊属性和流程就可以找出主要的表、表的结构以及表和表之间的关系，这也是主要的数据结构设计工作。

接下来分析一下这个图书系统的数据库，分析数据库的基本思路是抽取分析结果的对象和流程，然后根据对象或流程的属性分析表的字段，最后将可以复用的属性抽出来形成新的表。

通过分析，图书系统中主要几个对象为图书、借阅者、图书管理员，可以建立三个表来存储相关信息。系统中有两个主要的流程——图书借阅和图书延期归还申请，这个也应该抽出来分别放到一个表中。接下来看看目前表的哪些属性需要被独立成表存放，图书有目录属性，图书借阅者有学院和班级两个属性。

> **注意**　通过对象的属性抽出的表和对象表是主外键关联关系。

基本的表建好框架后，再查看是否有漏下的或多余的表。首先看"图书管理员"表，其实只需要记录管理员的账号和密码，而借阅者也需要记录账号和密码，这两个表有点重叠，考虑到在 ASP.NET 开发中可以采用统一的成员资格管理来管理用户的账号和角色，所以把账号、密码等抽出来，由成员资格管理来统一储存管理。这样，"图书管理员"表就没有意义了。图书中有图片属性，如果和其他信息放在一起会降低查询效率，所以把图书信息中的图片部分单独列表。

通过上面的分析，得到的数据库表如表 6-1 所示。

表 6-1　数据库表内容

表　名	说　明
借阅人信息表	记录借阅人的相关信息
学院信息表	记录学院信息
班级信息表	记录班级信息

续表

表　　名	说　　明
图书信息表	记录图书的相关信息
图书目录表	记录图书的目录信息
图书图片表	记录图书的图片信息
图书借阅信息表	记录图书借阅信息
图书延期归还申请表	记录图书延期归还申请表信息

接下来的任务就是丰富每个表的属性，根据表的属性建立表的字段，这一部分就不详细介绍了，最终表的结构和字段的解释请读者查阅附录 B。

6.3　小结

本章作为项目的起步，介绍了关于图书项目的介绍、分析和设计。作为一本以项目开发讲解为中心、面向初学者的图书，本章没有在项目的分析和设计方面进行详细的知识讲解，但还是要重申一下，面向对象的分析和设计其实比项目开发技巧更复杂，绝不像本章这样轻描淡写就可以完成，因此建议初学者在完成本书的学习后，继续补充 C# 面向对象的语言学习和基于 UML 的面向对象的分析和设计知识，这些方面都是在项目开发中必须掌握的基本技术。

第 7 章　页面复用与一致性

本章将讲解图书管理系统的开发中网站整体风格、布局的实现，能够复用网站的风格或布局对开发和维护都有极其重大的意义，而 ASP.NET 2.0 提供了实现这么强大功能的技术支持。

7.1　页面复用与一致性的意义

通过前面章节的学习，读者可能已经迫不及待地要进行图书管理系统的功能开发了吧，请先不要着急，首先应该学习与功能开发同等重要的界面设计。

在网站设计中，网页的美观程度是很重要的，如何把网站设计得更好看，是编程中一个非常重要的工作。要做好这一点，需要漫长的学习过程，丰富的实践积累，当然也需要一定的悟性，而作为初学者，首先要掌握的一点是，尽量保持整个网站中各个页面风格的一致性。

页面一致性可以让网站看起来像一个有机的整体，而且便于用户操作，具有复用性的页面可以减少开发时间，还可以方便以后对网站的维护。

下面开始学习界面设计的第一课——页面一致性。

7.2　布局和页面内容的复用——母版页

以前的网页编程语言，要实现页面一致性，是一件烦琐的事情。例如，ASP 网页，想让所有网页具有相同的页眉和页脚，不得不使用 include 语句，把网页中相同的部分包含进来，但这样做是把各个网页作为母体，把每个网页相同的部分作为个体，并不符合实际情况，而且一旦网页布局改变了，就要修改每一个网页，这对任何一个编程人员都是一个痛苦的工作。进入 ASP.NET 2.0 时代，这种问题得到了非常完美的解决，而用到的具体技术，就是本章将要介绍的母版页与主题，ASP.NET 2.0 中的这两种新功能提供内置的外观与模板功能。应用母版页与主题，可以方便快捷地实现页面的复用性与一致性。

母版页可以用来定义网站中不同网页的相同部分，例如，整个网站都包括同样的格局、同样的页眉、同样的页脚、同样的导航栏。这个时候，可以把这些控件定义在一个母版页上，其他网页只需要继承这个母版页即可。当用户请求内容页时，这些内容页与母版页合并，将母版页的布局与内容页的内容组合在一起输出。

母版页提供了开发人员已通过传统方式创建的功能，这些传统方式包括重复复制现有代码、文本和控件元素；使用框架集；对通用元素使用包含文件；使用 ASP.NET 2.0 用户控件等。母版页具有下面的优点。

（1）使用母版页可以集中处理页的通用功能，只在一个位置上更新即可更新所有页面。

（2）使用母版页可以方便地创建一组控件和代码，并将结果应用于一组页。例如，可以在母版页上使用控件来创建一个应用于所有页的菜单。

（3）通过允许控制占位符控件的呈现方式，母版页可以在细节上控制最终页的布局。

母版页提供一个对象模型，使用该对象模型可以从各个内容页自定义母版页。

7.2.1　生成母版页

对于母版页，可以像设计普通 ASPX 页面一样设计它，在上面放置各个页面相同的部分，如导航菜单栏等；也可以编写母版页的后台代码，主要区别在于母版页可以包含一个或多个 ContentPlaceHolder 控件，它代表每个页面不同的部分，其他页面可以在该区域内设计自己的页面，可以将母版页中的 ContentPlaceHolder 控件看做未来内容的占位符，以后开发的内容网页用自己的内容填充占位符就可以实现对母版页的复用。

例如，一个网站的网页，页眉页脚和右侧的公共信息栏都相同，只有主体部分不同，就可以在母版页设计好页眉页脚等相同的部分，而在主体部分放置一个 ontentPlaceHolder 控件。

下面来设计一下图书管理提供的页面布局，将页面分成 5 个部分。

（1）头部：用于显示图书管理系统 logo 和一级菜单导航。

（2）尾部：用于显示版权等信息。

（3）侧栏：用于显示登录信息和友情链接信息。

（4）主菜单栏：用于显示项目的主菜单信息。

（5）主要内容区域：显示各个内容页的内容。

可以简单地勾画一下网站的基本框架，如图 7-1 所示。

头部	
主菜单栏	侧栏
内容区域	
尾部	

图 7-1　网站布局草图

接下来在母版页上添加控件实现设计的框架。

1．创建母版页

在"解决方案管理"浮动窗体中的网站项目上，单击鼠标右键并选择"添加新项"菜单，将弹出"添加新项"对话框，选择母版页类型，并为文件命名，默认的命名将为"MasterPage.master"。

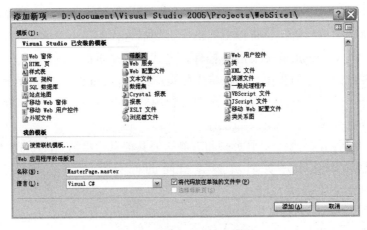

图 7-2　"添加新项"对话框

2．完成头部内容开发

在页面的源模式下，在 Form 标签内的头部位置，添加内容，用来显示项目的 logo，代码如下：

```
<div class="top">
    <asp:Image SkinID="logoImage" ID="Image1" runat="server"/>
</div>
```

3．完成中央部分开发

中央分为三个部分，先建立一个中央区的 div，在头内容的代码处输入如下代码。

```
<div class="con">
</div>
```

4．完成中央部分的左右分栏

中央部分在内部框架中分为左右两栏，先建立左右两栏的 div，在建立的 div 中，输入如下代码，class 值为 con1 的 div 用来显示左边栏，class 值为 con2 的 div 用来显示右边栏。

```
<div class="con1">
</div>
<div class="con2">
</div>
```

5．将左栏分上下栏

中央的左栏又分为主菜单栏和内容区域，所以，需要继续用 div 来实现左栏的上下分栏，在左边栏的 div 中输入如下代码，class 值为 menu2 的为菜单区，class 值为 reg 的为内容区。

```
<div class="menu2">
</div>
<div class="reg">
</div>
```

6．实现主菜单区

在菜单区中添加如下代码。

```
<asp:Menu DataSourceID="sitemap" ID="mainmenu" SkinID="mainmenu" runat="server">
</asp:Menu>
<asp:SiteMapDataSource runat="server" ID="sitemap" />
```

关于菜单的实现将在网站导航开发部分详细介绍。

7．实现内容区

母版页创建时自动生成的代码如下：

```
<asp:ContentPlaceHolder ID="ContentPlaceHolder1" runat="server">
</asp:ContentPlaceHolder>
```

将代码剪切到左边栏的内容区中，这就是以后生成内容页的内容的占位符。

8．实现右边栏

在中央的右边栏的 div 中增加如下代码。

```
<div ID="sidebar">
    <div class="gutter">
        <div class="box">
        </div>
        <div class="box">
            <h3>图书搜索</h3>
            输入图书名:<asp:TextBox ID="textbox1" runat="server" SkinID=
"masterFound">
    </asp:TextBox> 
        <asp:Button ID="button1" runat="server" Text="查询" OnClick=
"button1_Click" />
        </div>
        <h3>友情链接</h3>
        <div class="box">
            <ul>
                <li></li>
                <li></li>
            </ul>
        </div>
        <br />
    </div>
</div>
```

以上代码实现登录、图书搜索和友情链接等功能。

9．实现尾部内容

实现完中央部分内容后，接着来实现框架最后一部分——尾部，在中央区域的 div 的下方，输入如下代码。

```
<div class="foot">
    <div>
```

```
        虎客网络技术支持<br />
                Copyright &copy; 2007 Huke. All rights reserved.
    </div>
</div>
```

至此，母版页开发任务就基本完成了，下面可以在页面的设计视图中查看开发效果，等到实现完后续的主题开发后，效果会更理想。

7.2.2　将当前页面移植到母版页中

完成了母版页的设计后，可以进行各个页面的设计了，为项目添加新项，如图 7-3 所示，注意选择图中下方矩形框套住的复选框。

图 7-3　新建页面

单击"添加"按钮后，Visual Studio 2005 将提示为这个页选择一个母版页如图 7-4 所示，单击"确定"按钮完成添加。

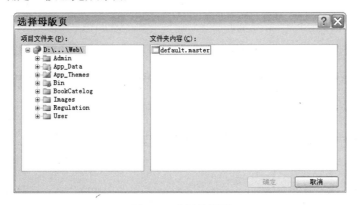

图 7-4　选择母版页

添加完成后，会看到如图 7-5 所示的页面。

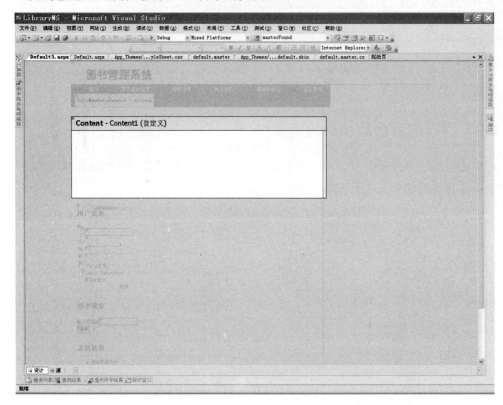

图 7-5　选择母版页后的内容页

灰色的部分，即设计的母版页的内容，这一部分是不能编辑的，Content 控件中的部分就是要为这个页编写特定内容的地方。在里面添加一些内容，然后在浏览器中查看这个网页，可以发现，这个页面中除了包含这个页特定的内容外，还包含了页眉页脚等母版页中的设计内容。

然后，可以开始对这个网页进行设计，把 Content 控件中的部分作为一个普通的网页一样编辑修改。后台代码也是一样，并不需要考虑额外的东西。例如，放置一个 DataList 控件来显示图书，完成后界面如图 7-6 所示。

母版页的普通应用就是这么简单，却又是那么实用，相信读者可以很快地掌握并愿意使用它。

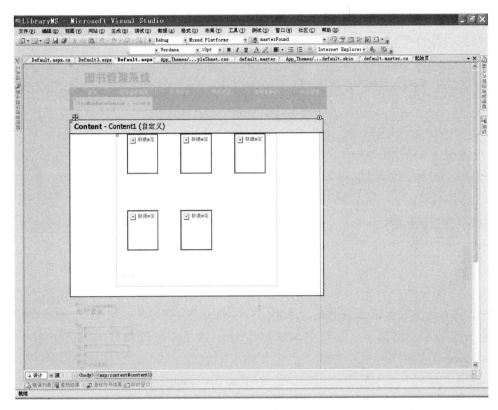

图 7-6　增加控件后的内容页

7.3　页面风格一致的手段——主题

下面开始介绍保证页面一致性的另一个犀利武器——主题。

主题是属性设置的集合，使用这些设置可以定义页面和控件的外观，在某个 Web 应用程序中的所有页、整个 Web 应用程序或服务器上的所有 Web 应用程序中一致地应用此外观。它由外观、级联样式表（CSS）、图像和其他资源一组元素组成，是在网站或 Web 服务器上的特殊目录中定义的。

简单地说，主题就是定义一组控件样式，然后应用到各个网页中。这样做可以免去逐个修改控件的麻烦，同时，相同控件的样式也相同，保持网站风格的一致性。

如果仅仅是对样式的复用还不能表现主题功能的强大，主题还可以用来统一控件的属性，甚至有模板控件的模板也可以用主题来实现统一和复用，示例如下：

```
<asp:GridView runat="server" SkinID="contentList" PageSize="10" Width= "640px">
    <EmptyDataTemplate>
```

```
              当前没有相关数据！
</EmptyDataTemplate>
<HeaderStyle BackColor="#F8F8F8" />
</asp:GridView>
```

上面代码中主题的设置就实现了 GridView 控件的 EmptyDataTemplate 模板的定义，实现这个主题的 GridView 控件就无需逐一实现 EmptyDataTemplate 模板定义了。

对于多人协同开发的网站主题的另外一个优点是，当有专人负责界面的美工设计时，专人负责写主题，其他编程人员只负责实现应用即可，从而将代码实现和界面实现进行完美的分离。而对于完成的主题，也可以应用到任何站点，并且在开发者之间共享。

7.3.1　创建主题

创建主题的方式有两种。

1．手动创建

创建 App_Themes 文件夹的一个新子文件夹来保存主题文件。该子文件夹的名称就是主题名称。例如，要创建名为 BlueTheme 的主题，应创建名为\App_Themes\BlueTheme 的文件夹。

向新文件夹中添加组成主题的外观、样式表和图像的文件。

2．自动创建

为网站添加新项，并选择外观文件，如图 7-7 所示。

图 7-7　创建外观文件

Visual Studio 2005 将弹出如图 7-8 所示的提醒消息，单击"是"按钮，则 Visual Studio 2005 会自动生成一个与外观文件同名的主题。

图 7-8　提醒消息

有了主题文件夹后，可以在此文件夹下创建皮肤文件（.skin），样式表文件（.css），以及图片资源等其他相关文件。

皮肤文件是主题的重要组成部分，典型约定是为每个控件创建一个.skin 文件，如 Button.skin 或 Calendar.skin。不过，用户可以根据自己的需要创建.skin 文件。

在.skin 文件中，添加常规控件定义（使用声明性语法），但仅包含要为主题设置的属性（Property）且不包括 ID 属性（Attribute）。控件定义必须包含 runat="server"属性。

下面的示例演示 Button 控件的默认控件外观，并为主题中的所有 Button 控件定义该颜色和字体。

```
<asp:Button runat="server"
  BackColor="Red"
  ForeColor="White"
  Font-Name="Arial"
  Font-Size="9px" />
```

提 示　创建外观的一个方便途径是将控件添加到页中，然后对其进行配置，使其具有所需外观。例如，可将 Calendar 控件添加到页中并设置其日期标头、所选日期和其他属性；然后，可以将控件定义从页复制到外观文件，移除 ID 属性。

7.3.2　创建 CSS 文件

对于 HTML 控件，无法使用外观文件，只能使用 CSS 来定制其外观，无论是客户端的 HTML 控件还是服务器端的 HTML 控件，其定制方法都是一样的。

CSS 和皮肤文件的差别在于皮肤仅用于服务器控件，并且用于统一服务器控件的属性和模板，而 CSS 应用于最终浏览器上 HTML 呈现的样式。这两个文件类型应用的层次不同，所以使用主题可以很灵活地定义整个 Web 项目的外观。

在相同的位置添加类型为"样式表"的文件，然后添加 CSS 内容就可以创建 CSS 文件了。关于 CSS 的基础知识在第一部分中简单介绍过，本节就不详细介绍如何编写 CSS 代码了。

提 示　一个主题中可以包含多个 CSS 文件。

7.3.3　使用主题

主题的使用很灵活，可以对整个项目应用主题，也可以以每个页面为单位应用主题，还可以针对某个控件应用主题。对整个项目或某个页面，有这样的层次就会出现优先级问题。

1．设定主题的属性

在页面应用主题中有可以使用 Theme 或 StyleSheetTheme 属性，这两个属性对主题应用的优先级有不同的设定。

（1）设置页的 Theme 属性，则主题和页中的控件设置将进行合并，以构成控件的最终设置。如果同时在控件和主题中定义了控件设置，则主题中的控件设置将重写控件上的任何页设置。即使页面上的控件已经具有各自的属性设置，此策略也可以使主题在不同的页面上产生一致的外观，即统一优先的原则。

（2）设置页面的 StyleSheetTheme 属性，则本地页设置优先于主题中定义的设置（如果两个位置都定义了设置）。如果希望能够设置页面上的各个控件的属性，同时仍然对整体外观应用主题，则可以将主题作为样式表主题来应用，即个性化优先。

2．应用主题的方法

（1）在项目中应用主题：首先在配置文件中指定主题，可以在 web.config 文件的 `<pages theme="..."/>`部分指定应用在程序的所有页面上的主题。如果需要取消某个特定的页面的主题，需要把该页面指令的主题属性设置为空字符串（""）。请注意，母版页不能应用主题，应该在内容页上或配置文件中设置主题。代码如下：

```
<configuration XMLns="http://schemas.microsoft.com/.NETConfiguration/v2.0">
<system.Web>
<pages theme="ExampleTheme"/>
</system.Web>
</configuration>
```

（2）在页面中应用主题：将@ Page 指令的 Theme 或 StyleSheetTheme 属性设置为要使用的主题的名称，可以为页面设置应用的主题。

（3）在控件中应用主题：现在读者应该已经会为所有的一个类型的控件设计主题了，但开发中常常遇到一个类型的控件有多种风格的情况，例如，开发中有两处需要列表显示的，都使用 GridView 来实现，但一个是在整个页面显示并且分页，一个是在很小的一个空间内显示并且不分页，这两个控件显然不能采用相同的主题。在主题中有个很实用的属性——SkinID，可以为相同的控件设置不同 SkinID 命名的主题，在使用主题中可以选择使用哪个 SkinID 所代表的主题，也就是主题和可使用主题的控件都有 SkinID 属性。例如，Skin 文件中的一个定义如下：

```
<asp:GridView runat="server" SkinID="contentList" PageSize="10" Width="640px">
        <EmptyDataTemplate>
            当前没有相关数据！
        </EmptyDataTemplate>
        <HeaderStyle BackColor="#F8F8F8" />
</asp:GridView>
```

GridView 控件的 SkinID 被命名为 contentList，以后在使用主题的 GridView 控件中，配置 SkinID 属性为 contentList，就可以使用这个主题的样式了。

在有些特殊的应用中，如果希望禁止某个控件的主题，可以把控件的 EnableTheming 属性设置为 false，把特定的控件排除出主题的应用范围。代码如下：

```
<asp:Label ID="Label2" runat="server" Text="Hello 2" EnableTheming="False"
/><br />
```

要开发的图书管理项目是项目统一应用主题，所以，编辑完主题后在 web.config 中设置项目的主题就可以了。代码如下：

```
<pages styleSheetTheme="default"/>
```

7.3.4 开发项目的主题

1．添加主题

在"解决方案管理"浮动窗体中的网站项目上，单击鼠标右键并选择"添加新项"菜单，将弹出"文件类型"选择窗体，选择外观文件类型，并为文件命名为"default.skin"，Visual Studio 2005 提醒创建同名的文件目录，同意继续，就分别创建"App_Themes"和"default"文件夹以及 default.skin 文件。

2．定义显示

定义 logo 图片的 Image 控件的样式，首先在 default.skin 文件添加如下代码，并且将 logo 图片添加到"default"文件夹下的 Images 文件夹下。

```
<asp:Image runat="server" SkinID="logoImage" ImageUrl="Images/logo.png" />
```

在上面的代码中，指定 Image 控件显示图片的位置为 Images/logo.png。

3. 定义主菜单的样式

在 default.skin 文件添加如下代码。

```
<asp:Menu SkinID="mainmenu" Orientation="Horizontal" runat="server"
StaticDisplayLevels="2" MaximumDynamicDisplayLevels="0" StaticSubMenuIndent="0">
        <StaticMenuItemStyle CssClass="item" ItemSpacing="0" />
</asp:Menu>
```

对 menu 控件的详细介绍参见站点导航章节。

4. 创建 CSS 样式表文件

在"解决方案管理"浮动窗体中的网站项目的"App_Themes"文件夹上,单击鼠标右键并选择"添加新项"菜单,将弹出文件类型选择窗体,选择样式表类型,默认的文件名为"StyleSheet.css",单击"添加"按钮即可。

5. 实现各个 HTML 元素的样式

打开创建的 CSS 文件,并输入如下代码。

```
body {margin: 0;padding: 0;font-family: Verdana, sans-serif;font-size: small;
background: #fff;}
input,select,textarea{border:1px solid #0273a5;font-size:12px;}
a{color: #0273a5;text-decoration:none;}
a:visited{color: #069}
a:hover{color: #06f; text-decoration:underline;}
.top{width:960px;margin:0 auto;height:60px;border-bottom:1px solid #0273a5;
background:#fff url(images/menu-bg.gif) repeat-x bottom;}
.con{width:960px;margin:0    auto;background:#fff    url(images/con-bg.gif)
repeat-y;}
.con .con1{float:left;text-align: left;width:685px;line-height: 24px;}
.con .con2{float:left;width:270px;}
.foot{width:960px;clear:both;margin:0
auto;padding-top:12px;background:#fff  url(Images/foot-bg.gif)  repeat-x;text-
align:center;}
.top img{padding-left:40px;padding-top:20px;}
.con1 .menu2{height:24px;color:#fff;background:#06f url(images/menu-bg-t.gif)
repeat-x;margin-right:10px;padding-left: 10px;}
.con1 .menu2 a{color: #ffffff;}
.clear{ clear: both; font-size:1px; width:1px; visibility: hidden; }
.foot div{font-size:10px;color:  #999;margin:5px  auto;font-family:  Arial,
Helvetica, sans-serif;}
#sidebar .gutter{padding: 15px;}
```

```
   .box {margin: 0 0 20px 0;padding: 0 0 12px 0;font-size: 85%;line-height:
1.5em;color: #666;}
   .item{padding: 0px 20px;color: #ffffff;text-decoration: none;}
   .view { margin-left: auto;margin-right: auto;text-align: center;width:600px}
   .reg{ min-height:400px; padding : 8px;margin:8px 18px 8px 0;text-align: left;
line-height: 28px;border:1px solid #f0f0f0;background:#fff url(images/reg-bg.gif)
repeat-x;}
```

　　各个 HTML 元素样式表的开发在此处就不一一介绍了，如果希望学习详细的样式
表开发细节请读者自行查阅样式表的相关书籍。

7.4　小结

　　通过本章的学习，相信读者可以非常熟练地使用母版页和主题了，那么就开始系统
开发吧，读者一定会感觉到要写的代码，要做的页面少了很多，但整个网站却更好看了，
不错，这就是母版页和主题的魔力。

第 8 章　页面编程

本章按照从浅到深的顺序讲解页面编程的相关知识。在实现页面编程的同时，根据开发的需要陆续讲解 Web 控件、ADO.NET 的数据访问、数据控件绑定、object datasource 绑定、SQL 语句、存储过程、数据库视图等知识。

ASP.NET 开发主要的工作就是页面编程，在本阶段的图书管理系统项目中，页面编程涵盖了表现层、逻辑层和数据交互层；而第二个阶段的开发，页面编程主要用于表现层。

8.1　"关于项目"实现

首先从一个简单的静态页面开始设计，本页面为项目根目录的 Contact.aspx。按照上一章介绍的创建内容页的方法，创建一个内容页，命名为 Contact.aspx。

通过第 7 章的介绍，可以知道<ASP:Content …></ ASP:Content >中的内容是页面中内容需要添加的地方，也是开发 ASPX 窗体的内容区域。首先了解一下"关于项目"的具体内容，通常希望在关于项目中添加项目介绍、项目的授权并提供代码的压缩包下载等信息，因此在源代码状态下添加如下代码。

```
    <div ID="font" >      本项目是图书《ASP.NET 2.0 Web 开发入门指南》中附带的开发实例，
为读者演示了 ASP.NET 开发的相关技术，辅助读者学习 ASP.NET 相关知识。<br />
    <strong><span style="font-size: 14pt; color: #ff0000">授权说明: </span><br />
    </strong>      本项目的代码和外形所有权归原图书编者所有，我们保留项目代码的销售、发
表和用于培训的权利。<br />
              如果您是本书的读者，用于学习目的，您可以下载本项目并可以修改原有功能和附加新的功
能，但您不能未经过我们的书面授权擅自将本项目或者基于本项目的扩展项目用于盈利目的的销售或者发
表。<br />
              如果您是培训机构，您可以推荐您的学生购买图书或者下载项目代码用于学习，但是您不能
在未经过我们的书面授权情况下擅自使用本项目或者摘录图书的内容作为您的授课教程或者教程的一部分。
```

```
<br />
            本书的编者将图书和图书附带项目代码的对外合作的权利全权委托给青岛虎客网络科技有限
公司，本书的编者也为本书用于计算机编程教学设计了一整套课程和动手实验，如果您需要这方面的合作，
请与青岛虎客网络科技有限公司联系。<br />
            联系邮件：wanshp@msn.com<br />
            <hr />
            <a href="HTTP://www.8baojob.com">单击下载项目压缩包</a>
        </div>
```

这个页面就完成了，如果读者不熟悉 HTML 的话，还可以在 Visual Studio 2005 的页面设计模式下编辑，在设计模式下看到的效果如图 8-1 所示。

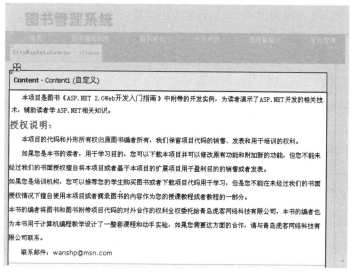

图 8-1　设计模式下浏览页面

8.2 "添加图书"实现

"添加图书"是个比较简单的功能，它将用户填写的图书信息保存到数据库中。

1．创建文件

首先创建一个新的页面，命名为"AddBook.aspx"，母版页选择"default.master"。

2．规划页面内容和控件

先来了解一下这个页面的功能细节，根据数据库设计，图书表有书号、书名、出版社、类别、作者、出版日期、图书数量、图书介绍、图书图片等字段，要实现的页面

就是将这些字段的内容呈现给用户。

考虑页面的布局，可以用表格来间隔各个字段，每个字段描述和内容在一行中，接着就可以用 VS 2005 进行正式开发了。根据 "book" 表中的字段创建页面，分析字段的类型如下：

（1）ID 是自增列，由数据库控制，不需要用户输入。

（2）bookNm（图书名称）、bookNo（图书编号）、publisher（出版社）、author（作者）是文本类型，由用户输入，可以使用 TextBox 控件来获取输入值。

（3）categoryID（图书类型 ID），是外联 bookCategory 表的内容，所以可以使用 DropDownList 来获取用户的输入值。

（4）publishDate（出版时间）是 datetime 类型，可以使用 Web 控件中的 Calendar 控件来获取用户的输入值。

（5）bookNumber（图书数量）是整数类型，可以用 TextBox 控件+RangeValidator 验证控件来约束用户输入并获取用户的输入值。

（6）bookDescription（图书介绍）是长文本型，可以使用多行的 TextBox 控件来获取用户的输入值。

（7）addDate（录入时间）是 datetime 类型，这个字段在服务器端获取当前时间，无需用户输入。

根据上面的分析，就可以使用 VS 2005 开发界面了。

3. 设计布局

先设计网页的布局，因为是图书录入页面，所以适合左边是标题，右边是输入框的两栏布局，将 HTML 的 table 控件拖到设计网页上，修改它的 HTML 如下：

```
<table>
    <tr>
        <td style="width: 96px" ></td>
     <td style="width: 482px"></td>
    </tr>
</table>
```

4. 编辑控件

（1）书号控件。在表格的左边列填写 "书号"，在右边列中将 Web 控件的 TextBox 拖入工具箱中，并配置它的 ID 属性为 txtbookNo，然后拖入验证控件中的 RequiredFieldValidator 控件，用于验证 txtbookNo 必填，所以在 RequiredFieldValidator 控件中配置 ControlToValidate 属性为 "txtbookNo"(表示被验证的控件是 txtbookNo)，配置 ErrorMessage 属性为"书号必填！"（表示验证失败时显示的文字），配置 ValidationGroup 属性为"submit"，书号的字段就基本配置完毕了。

（2）出版日期控件。在表格中增加"出版日期"到左边列，在右边列中，拖入 Web 控件中的 Calendar 控件，单击控件右上角的小箭头配置 Calender 控件的样式，如图 8-2 所示。

（3）图书类别控件。把图书类别的信息绑定到 DropDownList 控件上，在 VS 2005 编辑器的设计模式下，选择 DropDownList 控件，控件的右上角将会出现一个小箭头，单击小箭头将出现如图 8-3 所示的下拉菜单。选择"选择数据源"，将会出现如图 8-4 所示的"数据源配置向导"对话框。

图 8-2　Calender 控件编辑

图 8-3　DropDownList 控件编辑

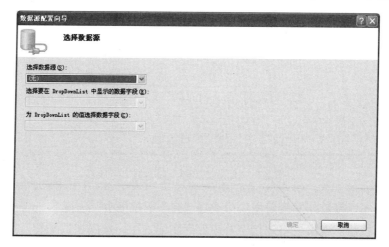

图 8-4　"数据源配置向导"对话框

在"选择数据源"的下拉框中选择"新建数据源"，弹出"选择数据源类型"对话框，如图 8-5 所示。

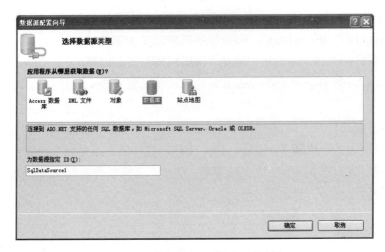

图 8-5 "选择数据源类型"对话框

在"应用程序从哪里获取数据"选择框中，选择"数据库"，然后单击"确定"按钮，就进入"配置数据源"对话框，如图 8-6 所示。

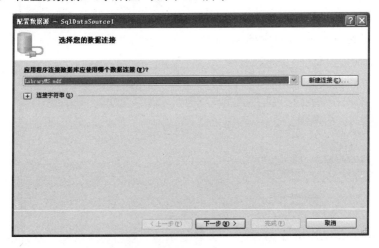

图 8-6 "配置数据源"对话框

在"应用程序连接数据库应使用哪个数据连接"下拉框中，选择"LibraryMS.mdf"，单击"下一步"按钮，就出现将连接字符串保存到配置中，按照默认配置，并单击"下一步"按钮，进入到"配置 Select 语句"界面，如图 8-7 所示。

选择"bookCategory"表，并在列中选中"ID"和"categoryNm"列，单击"下一步"按钮，出现"测试查询"界面，单击"完成"按钮，关闭"配置数据源"对话框，回到 DropDownList 控件的"数据源配置向导"对话框，如图 8-8 所示。

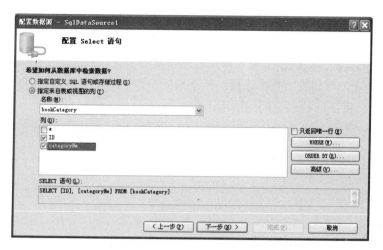

图 8-7　"配置 Select 语句"对话框

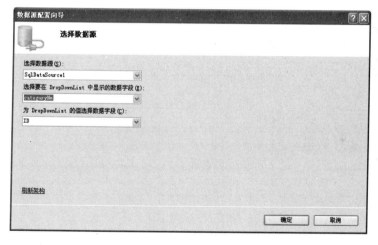

图 8-8　"数据源配置向导"对话框

在"选择要在 DropDownList 中显示的数据字段"下拉框中选择"catagoryNm"，在"为 DropDownList 的值选择数据字段"下拉框中选择"ID"，然后单击"确定"按钮，完成 DropDownList 的数据绑定。

接下来增加两个按钮，分别是"保存"和"取消"，配置"保存"按钮的 ValidationGroup 属性为"submit"，配置"取消"按钮的 ValidationGroup 属性为"cancel"，页面部分的开发就结束了。

5．开发代码

接下来就要完善后台代码实现读取页面输入内容，保存到数据库。

在页面的设计状态，双击"保存"按钮，Visual Studio 2005 编辑器会自动创建了一个方法"btnAdd_Click"，在方法体内，编写数据保存到数据库的方法。

保存数据的步骤有点类似于将大象塞进冰箱里的步骤，先是打开数据连接，然后执行 command 命令，然后关闭数据连接。接下来就把数据塞到冰箱里去吧！

先增加对 SqlClient 命名空间的引用，代码如下：

```
using System.Data.SqlClient;
```

然后在方法体内添加如下代码。

```
string connString = "Data Source=.\\SQLExpress;Integrated Security=True;User
Instance=True;AttachDBFilename=|DataDirectory|LibraryMS.mdf";
SqlConnection conn = new SqlConnection(connString);
try
{
    conn.Open();
    SqlCommand command = new SqlCommand();
    command.Connection = conn;
    command.CommandText = "INSERT INTO book(bookNm, bookNo, publisher, author,
categoryID, publishDate, bookNumber, bookDescription, addDate) VALUES(@bookNm,
@bookNo, @publisher, @author, @categoryID, @publishDate, @bookNumber,
@bookDescription, @addDate)";
    command.Parameters.Add("@bookNm", SqlDbType.NVarChar, 50);
    command.Parameters.Add("@bookNo", SqlDbType.NVarChar, 50);
    command.Parameters.Add("@publisher", SqlDbType.NVarChar, 50);
    command.Parameters.Add("@author", SqlDbType.NVarChar, 50);
    command.Parameters.Add("@categoryID", SqlDbType.Int, 4);
    command.Parameters.Add("@publishDate", SqlDbType.DateTime, 8);
    command.Parameters.Add("@bookNumber", SqlDbType.Int, 4);
    command.Parameters.Add("@bookDescription", SqlDbType.NVarChar, 0);
    command.Parameters.Add("@addDate", SqlDbType.DateTime, 8);
    command.Parameters["@bookNm"].Value = this.txtbookNm.Text;
    command.Parameters["@bookNo"].Value = this.txtbookid.Text;
    command.Parameters["@publisher"].Value = this.txtpublisher.Text;
    command.Parameters["@author"].Value = this.txtauthor.Text;
    command.Parameters["@categoryID"].Value = int.Parse(this.
ddbookcategory.SelectedValue);
    command.Parameters["@publishDate"].Value = this.Calendar1.SelectedDate;
    command.Parameters["@bookNumber"].Value = int.Parse(this.txtbooknum.Text);
    command.Parameters["@bookDescription"].Value = this.txtbookNote.Text;
    command.Parameters["@addDate"].Value = DateTime.Now;
```

```
        command.EndExecuteNonQuery();
    }
    finally
    {
        conn.Close();
    }
```

　　学习过 ADO.NET 和 SQL 的基础知识后，上面的代码就很容易理解了，这里使用了 SqlCommand 对象将用户录入的数据通过 SQL 执行方式传递给数据库并保存。

　　这样图书添加功能就基本完成了，可以运行网站，填上测试数据测试一下动态页面。

8.3 "图书列表"实现

　　接下来，分析一下"图书列表"页面的开发。

　　顾名思义，图书列表就是用列表的方式显示多本图书。用户选择图书的时候，正常的次序应该是先浏览一下图书的简要信息，如果对某本图书感兴趣，可以单击链接详细查看图书。下面讲解图书列表功能的实现。

1．创建文件

　　首先创建一个新的页面，命名为"ShowBookList.aspx"，并且把文件建立在"BookCatelog"目录下，母版页选择"default.master"。

2．编辑控件

　　ASP.NET 2.0 提供了强大的数据绑定控件，它们可以实现各式各样的数据呈现应用，本节的图书列表就可以使用 GridView 控件来实现。

　　GridView 控件是 ASP.NET 2.0 提供的功能最完善的用于列表显示的数据绑定控件，利用 GridView 控件可以方便地实现对数据列表的添加、浏览、更新和删除，也可以方便地实现分页和排序。

　　GridView 控件在模板的自定义上比其他用于列表显示的数据绑定控件功能稍弱，只提供了分页模板和空记录模板。

　　接下来介绍使用 GridView 控件开发的步骤。

　　在工具箱中把 GridView 控件拖入网页中，将出现如图 8-9 所示的界面。

　　接着为该控件配置数据源，配置数据源的过程类似于 DropDownList 控件的数据源配置，在此不详细介绍了。数据表选择 book 表的全部字段。配置好数据源，GridView 控件会自动绑定好相关的显示列，但列名是英文，接下来把列名改为中文描述，并且减少显示列数，单击 GridView 控件右上角的小箭头选择编辑列，就会弹出一个"字段"对话框。首先将要显示的字段添加到"选定的字段"区域，如图 8-10 所示，然后分别设置每个字段的"HeaderText"属性为其中文描述。

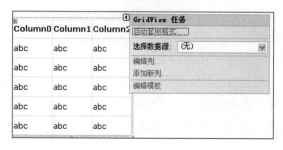

图 8-9　GridView 控件编辑

图 8-10　"字段"对话框

接下来还要配置一个导航字段，当用户单击时，将其导航到图书详细信息展示页面。

继续在字段编辑页面上，把 bookNm 字段删除，从可用字段中选择 HyperLinkField 并单击"添加"按钮，然后在选定的字段中选择刚增加的字段，修改它的 DataTextField 属性为 bookNm，修改 DataNavigateFields 属性为 ID，修改 DataNavigateUrlFormatstring 属性为"~/BookCatelog/ShowBookDetail.aspx?ID={0}"，修改 headerText 属性为书名。这样就可以对图书进行导航了。

这个页面的功能基本完成了，但为了整体页面的美观，需要修改 GridView 控件的主题样式让所有的 GridView 控件保持一致，修改 GridView 控件的 SkinID 属性为"contentList"。

现在终于开发完了又一个动态网页，运行看看吧。

糟糕，一页怎么显示那么多数据，所以需要实现分页功能。单击 GridView 右上角的小箭头，弹出如图 8-11 所示的"GridView 任务"对话框中选中"启用分页"即可。

GridView 控件还可以编辑模板，主要是空模板和分页模板，分别对应着数据为空时控件的显示和控件的分页部分的自定义显示，可以为 GridView 添加空模板，预防没有数据时显示空白。当然比较方便的方法是将空模板的内容放到主题中。代码如下：

图 8-11　"GridView 任务"对话框

```
<EmptyDataTemplate>
    当前没有相关数据！
</EmptyDataTemplate>
```

在"源码"状态下看看 GridView 是如何实现数据的绑定的？GridView 的源代码全文如下：

```
    <ASP:GridView ID="bookList" runat="server" SkinID="contentList" Allow
Paging="True" AutoGenerateColumns="False" DataSourceID="SqlDataSource1">
    <Columns>
        <ASP:HyperLinkField HeaderText="书名" DataTextField ="bookNm"
DataNavigateUrlFields="ID"
DataNavigateUrlFormatString="~/BookCatelog/ShowBookDetail.aspx?ID={0}" />
        <ASP:BoundField HeaderText ="出版社" DataField ="publisher" />
        <ASP:BoundField HeaderText ="作者" DataField ="author"></ASP:
BoundField>
        <ASP:BoundField HeaderText ="出版日期" DataField ="publishDate"
DataFormatString="{0:d}" HTMLEncode="False"></ASP:BoundField>
    </Columns>
    </ASP:GridView>
```

可以看到，导航列采用 HyperLinkField 控件，显示内容是绑定的 bookNm 字段（DataTextField ="bookNm"），而导航字段绑定的是 ID 字段（DataNavigateUrlFields="ID"），导航的 URL 在 DataNavigateUrlFormatString 属性中配置，这里提醒读者注意 URL 中"～"的使用，"～"是 Web 应用程序根目录运算符，在服务器控件中指定路径时，可以使用该运算符，ASP.NET 会将"～"运算符解析为当前应用程序的根目录。

其他的显示列采用 BoundField 控件，显示内容是 DataField 属性绑定字段名方式绑定数据（DataField ="publisher"）。

如图 8-12 所示为图书列表的预览效果。

图 8-12　图书列表的预览

8.4　"图书浏览"实现

接下来实现上一节没有实现的"图书浏览"功能。当用户在图书列表中单击某一行的链接，就转到要实现的图书浏览功能，图书浏览主要实现图书图片的浏览和基本信息的浏览。

可以像"图书添加"实现方式一样，拖曳一些显示控件，如 label，然后编写查询语句在"Page_Load"方法中为显示控件赋值，但是这次想用一个更加方便的方式来实现图书浏览功能，即用 FormView 的数据绑定来实现。

FormView 控件是一个可以使用模板来呈现单条记录的数据绑定控件，FormView 可以自定义的模板有 7 种之多，各种模板的介绍如表 8-1 所示。

表 8-1　FormView 的模板

模　板	说　明
EditItemTemplate	定义数据行在 FormView 控件处于编辑模式时的内容。此模板通常包含用户可以用来编辑现有记录的输入控件和命令按钮
EmptyDataTemplate	定义在 FormView 控件绑定到不包含任何记录的数据源时所显示的空数据行的内容

续表

模 板	说 明
FooterTemplate	定义脚注行的内容。此模板通常包含任何要在脚注行中显示的附加内容
HeaderTemplate	定义标题行的内容。此模板通常包含任何要在标题行中显示的附加内容
ItemTemplate	定义数据行在 FormView 控件处于只读模式时的内容。此模板通常包含用来显示现有记录的值的内容
InsertItemTemplate	定义数据行在 FormView 控件处于插入模式时的内容。此模板通常包含用户可以用来添加新记录的输入控件和命令按钮
PagerTemplate	定义在启用分页功能时（即 AllowPaging 属性设置为 true 时）所显示的页导航行的内容。此模板通常包含用户可以用来导航至另一个记录的控件

FormView 除了强大的模板功能之外，还自动提供了全面的命令操作功能，可以通过这些内置的命令操作完成对数据的添加、修改、删除和分页等功能，如表 8-2 所示为 FormView 的内置命令。

表 8-2　FormView 的内置命令

命 令	说 明
Cancel	在更新或插入操作中用于取消操作和放弃用户输入的值。然后 FormView 控件返回到 DefaultMode 属性指定的模式
Delete	在删除操作中用于从数据源中删除显示的记录。引发 ItemDeleting 和 ItemDeleted 事件
Edit	在更新操作中用于使 FormView 控件处于编辑模式
Insert	在插入操作中尝试使用用户提供的值在数据源中插入新记录
New	在插入操作中用于使 FormView 控件处于插入模式
Page	在分页操作中用于表示导航行中执行分页的按钮。若要指定分页操作，将该按钮的 CommandArgument 属性设置为 "Next"、"Prev"、"First"、"Last" 或要导航的目标页的索引
Update	在更新操作中尝试使用用户提供的值更新数据源中所显示的记录

以上的这些命令操作会在本章第 8 节中介绍，本节实现的功能是浏览，所以用不到命令操作。

介绍完 FormView 控件的基本知识后，下面开始显现图书浏览的具体功能。

1. 创建文件

首先创建一个新的页面，命名为 "ShowBookDetail.aspx" 并且把文件建立在 "BookCatelog" 目录下，母版页选择 "default.master"。

2. 编辑控件

将 FormView 控件拖到页面上，然后单击 FormView 控件右上角的小箭头，出现控件配置窗体，先配置控件绑定的数据源，配置数据源部分和前面的实例相似，只是在"配置 Select 语句"界面里，选择"指定自定义 SQL 语句或者存储过程"，如图 8-13 所示。

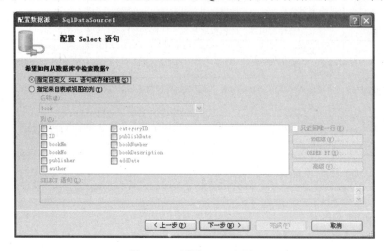

图 8-13　配置 Select 语句

（1）单击"下一步"按钮，在"SELECT"标签窗口中输入"SELECT * FROM [book] WHERE ([ID] = @ID)"，如图 8-14 所示。

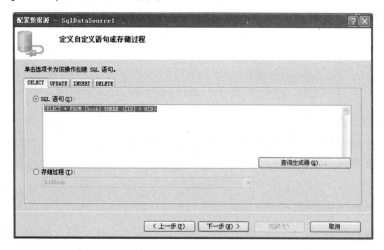

图 8-14　SELECT 选项卡

（2）单击"下一步"按钮，定义参数值，上一节是将 book 表的 ID 字段通过 URL 中的 ID 变量传递给了本页，所以要把 URL 中的 ID 变量设置为参数@ID 的值，如图 8-15 所示。

图 8-15　"定义参数"对话框

（3）在参数源中选择"QueryString"类型，在"QueryStringField"中填入"ID"，单击"下一步"按钮，在测试 SQL 语句无误后，单击"完成"按钮，结束数据源的配置过程。生成的数据源代码如下：

```
<ASP:SqlDataSource ID="SqlDataSource1" runat="server" ConnectionString="<%$
ConnectionStrings:LibraryMSConnectionString %>"
        SelectCommand="SELECT * FROM [book] WHERE ([ID] = @ID)">
        <SelectParameters>
            <ASP:QueryStringParameter Name="ID" QueryStringField="ID" Type=
"Int32" />
        </SelectParameters>
</ASP:SqlDataSource>
```

通过上面的配置，读者会对 SqlDataSource 的功能有重新的认识，它不仅可以将数据库中的某些表的数据自动取出并绑定到数据绑定控件，还可以执行自定义的 SQL 语句，设置传递参数，更有甚者，可以将页面上能取到的各个类型的值传递给参数，这样很多开发就无需手动编写代码了。

数据源绑定后，会自动生成数据显示代码，但还不能完全符合需要，要做适当的调整。单击 FormView 控件右上角的小箭头，选择编辑模板，页面就会转变为模板编辑模式，修改标题列，就可以符合要求了。

3．设置显示图片

数据库设计中将图书图片存储到 bookImage 表的 bookImg 字段中，所以先要将数据库中存储的二进制内容取出来，然后输出为 image 类型。

先来了解一个新的文件类型——ASHX，这个类型的文件主要用于产生供浏览器呈现的、不需要回发处理的数据格式，如动态生成图片，这个文件格式由 VS 2005 给出的解释是"用于实现一般处理程序的页"，通过添加新项目的选择框中的"一般处理程序"类型文件建立，如图 8-16 所示。

图 8-16 添加新项选择"一般处理程序"

创建完毕后自动产生代码如下：

```
<%@ WebHandler Language="C#" Class="Handler" %>
using System;
using System.Web;

public class Handler : IHTTPHandler {

    public void ProcessRequest (HTTPContext context) {
        context.Response.ContentType = "text/plain";
        context.Response.Write("Hello World");
    }

    public bool IsReusable {
        get {
            return false;
        }
    }
}
```

（1）通过修改 ProcessRequest 方法来实现图片由数据库内容的转换。ProcessRequest

就是文件被调用时生成数据的方法，代码如下：

```
context.Response.ContentType = "image/jpeg/gif";
context.Response.Cache.SetCacheability(HTTPCacheability.Public);
context.Response.BufferOutput = false;


Int32 ID = -1;
Stream stream = null;


if (context.Request.QueryString["bookID"] != null && context.Request.
QueryString["bookID"] != "")
{
    ID = Convert.ToInt32(context.Request.QueryString["bookID"]);
    stream = BookManager.GetImage(ID);
    if (stream != null)
    {
        const int buffersize = 1024 * 16;
            byte[] buffer = new byte[buffersize];
            int count = stream.Read(buffer, 0, buffersize);
            while (count > 0)
            {
                context.Response.OutputStream.Write(buffer, 0, count);
                count = stream.Read(buffer, 0, buffersize);
            }
    }
}
```

（2）把执行 SQL 语句的功能放到 BookManager 中统一处理，创建 BookManager.cs 文件并增加 GetImage 方法，代码如下：

```
public static Stream GetImage(int bookID)
    {
        using (SqlConnection connection = new SqlConnection(ConfigurationManager.
ConnectionStrings["LibraryMSConnectionString"].ConnectionString))
        {
            using (SqlCommand command = new SqlCommand("select bookImg from
bookImage where bookID=@bookID ", connection))
            {
                command.CommandType = CommandType.Text;
                command.Parameters.Add(new SqlParameter("@bookID", bookID));
                connection.Open();
                object result = command.ExecuteScalar();
```

```
            try
            {
                return new MemoryStream((byte[])result);
            }
            catch
            {
                return null;
            }
        }
    }
}
```

（3）完成图片的生成后，将图片显示功能添加到图书浏览页中，在 FormView 控件
的 ItemTemplate 模板中增加如下代码。

```
<img alt ="<%#Eval("bookNm") %>" src ='../Handler.ashx?bookId=<%#Eval("ID")
%>'/>
```

现在图书浏览页面就基本完成了。

（4）在"源码"状态下查看实现过程，下面截取 FormView 的 ItemTemplate 模板
的一个代码块来介绍数据的绑定。

```
<tr>
 <td colspan ="2" align ="center" >
       <img alt ="<%#Eval("bookNM") %>" src ='../Handler.ashx?bookID=
<%#Eval("ID") %>'/>
 </td>
</tr>
<tr>
<td align ="right" >
<ASP:Label ID ="label1" runat ="server">书号: </ASP:Label>
</td>
<td style="width: 506px">
<%#Eval("bookNo") %>
</td>
</tr>
```

由源代码可见，FormView 控件的数据绑定是依赖 Eval 函数来实现的，Eval 函数用
于定义单向（只读）绑定。

至此，图书浏览的功能就实现完成了，如图 8-17 所示为实际的效果。

图 8-17　图书浏览运行界面

8.5　"最近图书"实现

在图书管理系统的首页中计划实现最近图书的列表，为用户提供最近的图书，方便借阅者浏览。

这里不计划使用 grid 方式，为了给用户一个更好的预览图书的功能，可以让用户看到图书的预览图片和基本信息，所以采用 DataList 控件。

DataList 控件是一个比 GridView 更加灵活的、实现多条记录呈现编辑的列表控件，DataList 控件可以编辑项、交替项、选定项和编辑项模板，也可以使用标题、脚注和分隔符模板自定义 DataList 的整体外观。DataList 控件最强大的功能是可以一行显示多条记录，也就是可以实现对数据记录的多列多行方式显示，便于呈现商品和图书等包含图片和说明的列表信息，如表 8-3 所示，介绍了 DataList 控件的所有模板。

表 8-3　DataList 控件模板

模　板	说　明
ItemTemplate	用于数据呈现的布局和样式
AlternatingItemTemplate	用于配置隔行显示的样式
SelectedItemTemplate	用户选中本记录时的样式
EditItemTemplate	记录项处于编辑状态时的模板
HeaderTemplate	在列表的开始处分别呈现的文本和控件
FooterTemplate	在列表的结束处分别呈现的文本和控件
SeparatorTemplate	包含在每项之间呈现的元素

在 default.aspx 页面中拖入 DataList 控件，然后为其配置数据源，配置数据源的过程和 GridView 控件一样，只是在选择用于呈现的数据库表时，选择“指定自定义的 SQL 语句或存储过程”，并在 SELECT 语句中输入以下 SQL 语句。

```
SELECT TOP (9) ID, bookNm, bookNo, publisher, author, categoryID, publishDate,
bookNumber, bookDescription, addDate FROM book ORDER BY addDate DESC
```

这个 SQL 语句的意思是按照 addDate 的倒序排序，返回 book 表的前 9 条记录，然后单击“完成”按钮，这样 DataList 控件的数据源就配置完成了。

接下来修改 DataList 控件的模板让它显示希望的数据风格。在界面编辑的“源码”状态下，修改 DataList 控件的 ItemTemplate 模板（项模板），代码如下：

```
<table border="0" cellpadding="0" cellspacing="0" >
    <tr>
      <td>
       <a href='BookCatelog/ShowBookDetail.aspx?ID=<%#Eval("ID") %>' ><img
src='Handler.ashx?bookID=<%#Eval("ID") %>' alt = '<%#Eval("BookNm") %>' height
="100px" width ="80px" border="0"/></a>
       </td>
    </tr>
    <tr>
        <td align="left">
              书名：<%#Eval("bookNm") %>
        </td>
    </tr>
    <tr>
        <td align="left">
           作者：<%#Eval("author") %>
        </td>
```

```
        </tr>
        <tr>
            <td align="left">
                出版社：<%#Eval("publisher") %>
            </td>
        </tr>
</table>
```

图片的显示与前一节一样，用 Handler.ashx 文件呈现，其余字段数据绑定使用 Eval 函数实现。接下来需要配置 DataList 控件，让它一行显示三本图书记录，设置 DataList 控件的 repeatColumns 属性值为 3 即可，这样，"最近图书"浏览功能就完成了。

如图 8-18 所示为实际的运行效果。

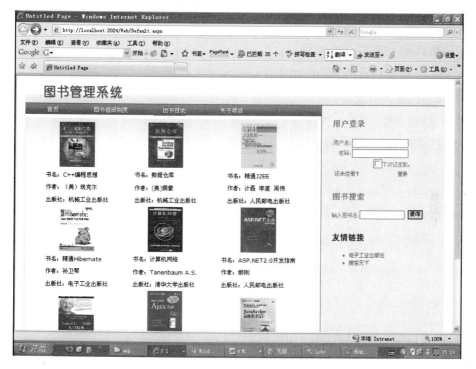

图 8-18　最新图书运行界面

8.6 "图书目录"实现

现在已经有了图书的添加、图书的浏览，但是很多借阅者需要按照某个图书类别浏览图书，例如，需要选择编程类图书，则可以通过"图书类别"过滤出所有的编程图书再从中挑选合适的图书。

图书目录类似于前面的多条记录，但又有很大的不同，不同点有记录有父子关系，全部图书目录包含着所有的图书类别；呈现给用户的仅仅是图书目录一列信息。针对这样的数据，需要使用 TreeView 控件来显示。

TreeView 控件由一个或多个节点构成。TreeView 控件的每个项都被称为一个节点，由 TreeNode 对象表示。如表 8-4 所示，描述了三种不同的节点类型。

表 8-4　TreeView 的节点

节　　点	说　　明
根节点	TreeView 控件的顶级节点，没有父节点，但可以有一个或多个子节点
父节点	具有一个父节点，并且有一个或多个子节点的节点
叶节点	具有一个父节点，但没有子节点

1. TreeView 绑定 XML 文件

TreeView 控件可以很方便地绑定 XML 类型的数据，下面演示一下 TreeView 绑定 XML 文件实现图书目录。

（1）创建 XML 文件。先创建一个 XML 文件来存放数据，在"添加新项目"中选择 XML 类型的文件，然后将以下代码复制到文件中。

```
<?XMLversion="1.0" encoding="utf-8" ?>
<bookmenu title="全部图书" value="0" url="">
  <bookmenu title="计算机类" value="1" url="ShowBookList.aspx?ID=1"></bookmenu>
  <bookmenu title="外文类" value="2" url="ShowBookList.aspx?ID=2"></bookmenu>
  <bookmenu title="文史类" value="3" url="ShowBookList.aspx?ID=3"></bookmenu>
</bookmenu>
```

（2）创建程序文件。创建一个新的页面，命名为"Default.aspx"，并且把文件建立在"BookCatelog"目录下，母版页选择"default.master"。

（3）编辑控件。将 TreeView 控件拖入内容区，选择 TreeView 控件右上角的小三角，弹出"选择数据源类型"对话框，选择"XML 文件"，如图 8-19 所示。

单击"确定"按钮后，出现"配置数据源"对话框，如图 8-20 所示。

在数据文件中选择刚建立的 XML 文件，单击"确定"按钮，这样 TreeView 控件的数据绑定就完成了。

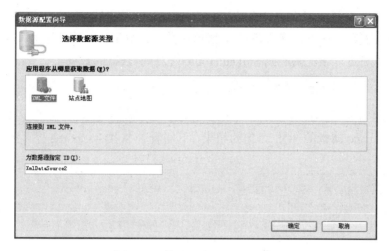

图 8-19　数据源选择 XML 文件

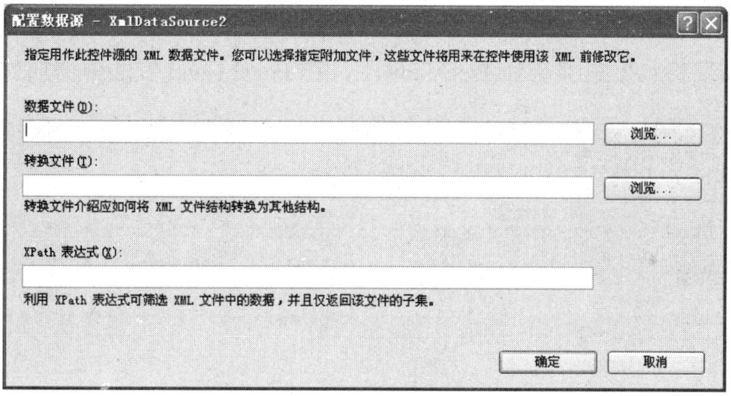

图 8-20　"配置数据源"对话框

　　但是这样解决并不理想，原因是图书类别被放到 XML 中了，日后维护不方便，也不利于保证数据的完整性，还是应该把数据放到数据库中，接下来就来学习一下如何将数据库中的数据绑定到 TreeView 控件中。

2. 数据绑定到 TreeView 控件

　　TreeView 控件的数据绑定跟前面介绍的控件的数据绑定不一样，它不支持通过配置数据源、制定绑定列的方式进行，而是必须通过手动编程方式绑定，原因是 TreeView 是为了呈现树型控件而设计的，仅对 XML 方式的数据支持数据源方式绑定。手动编程方式就是创建 TreeNode 对象，然后把它添加到 TreeView 的 Nodes 属性中。

　　首先取需要绑定的数据，本次采用配置 SqlDataSource 的方式实现数据的读取，将

SqlDataSource 控件拖入页面中，像前面数据绑定控件一样配置数据源，在选择数据表的时候选择 bookCategory 表（书目录表），然后就按照向导配置。在代码文件的 Page_Load 方法中，可以通过以下代码取到 SqlDataSource 控件所获取的数据集。

```
DataView data = (DataView)SqlDataSource1.Select(new DataSourceSelectArguments());
```

这里调用 SqlDataSource 控件的 Select 方法，SqlDataSource 控件就会自动返回配置的 SelectCommand 属性的 SQL 语句的结果，下面看看 SqlDataSource 控件配置的具体情况，代码如下：

```
<ASP:SqlDataSource ID="SqlDataSource1" runat="server"
ConnectionString="<%$ ConnectionStrings:LibraryMSConnectionString %>"
     SelectCommand="SELECT  [ID],  [categoryNm]  FROM  [bookCategory]"><
/ASP:SqlDataSource>
```

配置的 SQL 语句是"SELECT [ID], [categoryNm] FROM [bookCategory]"，得到了图书目录的所有记录。

接下来需要将数据集绑定到 TreeView 上，在 Page_Load 方法中增加如下代码。

```
TreeNode nodeAll = new TreeNode("全部图书", "All", "", "showbookList.aspx", "");
for (int i = 0; i < data.Count; i++)
{
     TreeNode node = new TreeNode((string)data[i]["categoryNm"], ((int)data[i]
["ID"]).ToString(), "", "showbookList.aspx?ID=" + ((int)data[i]["ID"]).ToString(),
"");
     nodeAll.ChildNodes.Add(node);
}
treeViewBook.Nodes.Add(nodeAll);
```

这样，创建了一个根节点来表示所有图书，依次从数据集中取出数据创建 TreeNode 对象并把它们作为根节点的子节点，最后把根节点添加到 TreeView 对象的 Nodes 属性中，就实现了 TreeView 的绑定。

这里有一点需要读者注意：添加节点通过把节点对象增加到父节点或根节点的 ChildNodes 属性中实现，所以对于多级的树需要一个递归方法添加节点，细心的读者可能考虑到如果图书目录不是两级的，而是有更多级，怎么办？读者可以尝试实现一下。

8.7 "图书类别维护"实现

通过上一节图书目录的绑定看到，图书目录只有两个字段，一个是自动增长的 ID，另一个是目录名称。对于这么简单的表，依然需要浏览、添加、修改和删除，把这些功能分别实现到单独的页面中好像有点不值，下面来学习如何通过一个页面实现简单数据表的浏览、添加、修改和删除功能。

1. 创建程序文件

首先创建一个新的页面，命名为"Catelog.aspx"，并且把文件建立在"Admin"目录下，母版页选择"default.master"。

2. 编辑控件

在配置 GridView 控件时，曾发现 GridView 控件有"启用编辑"和"启用删除"选项，如图 8-21 所示。

可以使用 GridView 控件的编辑和删除功能来实现对图书目录的编辑和删除。在前面学习 FormView 控件时，了解过 FormView 控件有 InsertItemTemplate 模板，可以使用这个功能来实现图书目录的添加。

（1）通过 SqlDataSource 控件实现对 bookCategory 表的浏览、添加、修改和删除操作。首先创建 SqlDataSource 控件，

图 8-21　GridView 配置

然后配置数据源，在配置 Select 语句的界面中选择 bookCategory 表，然后选择"高级"按钮，如图 8-22 所示。

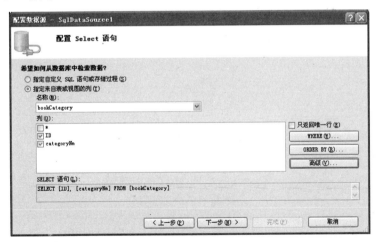

图 8-22　配置 Select 语句

将会出现一个"高级 SQL 生成选项"对话框，如图 8-23 所示。

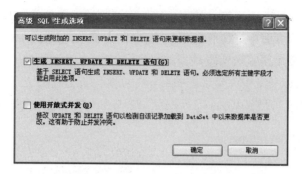

图 8-23 高级 SQL 生成选项

选中"生成 INSERT、UPDATE 和 DELETE 语句"的选择项，单击"确定"按钮，然后按照向导完成配置，这样就生成了关于 bookCategory 表的浏览、添加、修改和删除的各类操作的 SQL 语句。

（2）用 GridView 控件实现对图书目录的浏览、修改和删除。将 GridView 控件拖入页面中，配置它的数据源为刚建立的 SqlDataSource 控件的实例，并设置 GridView 控件启动编辑、启动删除。然后选择"编辑列"选项，将出现如图 8-24 所示的界面。

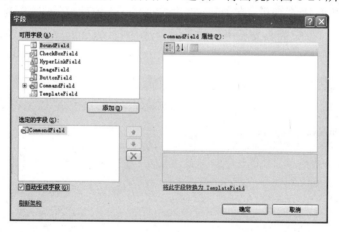

图 8-24 配置 GridView 控件字段

首先，勾消左下角的"自动生成字段"，然后在"可能字段"中选择添加两个 BoundField 字段，将第一个字段的"dataFiled"属性配置为"ID"，"HeaderText"属性配置为"自动编号"，将"readOnly"属性配置为"True"；将第二个字段的"dataFiled"属性配置为"categoryNm"，"HeaderText"属性配置为"类别名称"。

这样 GridView 控件就基本配置完毕了。因为 ID 是自增类型，所以将 ID 列设置为只读，GridView 控件自动实现了内部记录的编辑和删除，并通过调用绑定的

SqlDataSource 控件的 UpdateCommand 或 DeleteCommand 命令执行数据库的编辑或删除，Command 命令的各个参数通过 GridView 配置的绑定列自动传递给 SqlDataSource 控件，这样就可以不用写代码实现数据的操作了。

（3）配置 FormView 控件实现图书目录的添加功能。将 FormView 控件拖入页面，选择数据源为刚才建立的 SqlDataSource 控件的实例。然后选择"编辑模板"，显示如图 8-25 所示的界面。

图 8-25　配置 FormView 模板

在"显示"下拉框中选择 InsertItemTemplate 模板，界面就转换到 InsertItemTemplate 模板的编辑页，将一个 TextBox 控件、一个 RequiredFieldValidator 控件，两个 LinkButton 控件分别拖入模板边界页面，设置它们的属性。

① 配置 TextBox 控件：设置 ID 属性为"categoryNmTextBox"，在属性栏中选择"编辑 DataBindings…"选项，如图 8-26 所示。出现编辑绑定配置窗体，如图 8-27 所示。选择绑定属性中的"Text"属性，在自定义绑定中输入"Bind("categoryNm")"，单击"确定"按钮。

图 8-26　设置 TextBox 控件绑定

图 8-27　设置 TextBox 控件绑定

② 配置 RequiredFieldValidator 控件：选择"ControlToValidate"属性为"categoryNmTextBox"；设置"ErrorMessage"属性为"必填!"。

③ 配置第一个 LinkButton 控件：配置"Text"属性为"插入"；配置"Command Name"属性为"Insert"。

④ 配置第二个 LinkButton 控件：配置"Text"属性为"取消"；配置"Command

Name"属性为"Cancel";配置"CausesValidation"属性为"False"。

在配置 FormView 中,出现了几处特别的地方,下面分别讲解一下。

Bind 函数是跟 Eval 函数类似的数据绑定函数,它们的区别在于 Eval 是单向只读的,而 Bind 是双向的可更新的绑定,因为要将 TextBox 的内容传输给后台执行,所以这里使用了 Bind 函数。

LinkButton 控件中配置了"CommandName"属性,分别为"Insert"和"Cancel"。在前面章节讲解了 FormView 的内置命令,这里采用实例演示了内置命令的执行,当插入按钮被单击时,将触发 Insert 命令,Insert 命令被传递给绑定的 SqlDataSource 控件,SqlDataSource 控件调用相应的 InsertCommand 来实现数据的添加。通过 Bind 函数绑定,SqlDataSource 控件会得到与参数同名的 Bind 的值,这样数据传递可自动实现。

到这里,整个图书目录的全部操作就开发完了。

8.8 "用户信息维护"实现

图书管理系统的用户信息维护功能是让借阅者来添加或维护自己的基本信息,将一个表的添加和修改两个功能用两个页面来实现是不明智的,这将使每次变更的复杂度扩大一倍,所以在用户信息维护功能的开发中计划用一个页面来实现。

1. 创建程序文件

首先创建一个新的页面,命名为"UserInfo.aspx",并且把文件建立在"User"目录下,母版页选择"default.master"。

2. 编辑控件

前几节中学习了 FormView 控件的单条记录浏览和添加,本节将学习如何控制 FormView 的模板状态并实现数据控件参数的传递。

(1)将 FormView 控件拖到页面中,配置 FormView 控件的数据绑定,在自定义 SQL 语句界面上的 SELECT 选项卡中输入如下代码。

```
SELECT * FROM [userInfo] WHERE [userID] = @userID
```

在 INSERT 选项卡中输入如下代码。

```
INSERT INTO [userInfo] ([userID], [userNo], [userNm], [userCollegeID],
[userClassID], [sex], [inDate], [email], [tel], [address]) VALUES (@userID,
@userNo, @userNm, @userCollegeID, @userClassID, @sex, @inDate, @email, @tel,
@address)
```

在 UPDATE 选项卡中输入如下代码。

```
UPDATE [userInfo] SET [userNo] = @userNo, [userNm] = @userNm, [userCollegeID]
= @userCollegeID, [userClassID] = @userClassID, [sex] = @sex, [inDate] = @inDate,
[email] = @email, [tel] = @tel, [address] = @address WHERE [userId] = @userID
```

（2）设计 FormView 控件的 InsertItemTemplate 和 EditItemTemplate 模板分别对应着用户信息的创建和修改，在实现这两个模板的时候，有学院和班级两个联动的下拉框比较特殊，下面介绍如何实现。

① 拖入两个 DropDownList 控件，第一个是用于呈现学院信息的，为它设置数据源，让这个 DropDownList 控件绑定 college 表；第二个是用于呈现班级的，也为它设置数据源，需要在自定义 SQL 语句界面的 SELECT 选项卡中输入如下代码。

```
SELECT * FROM [schoolclass] WHERE ([collegeId] = @collegeId)
```

② 在定义参数时将 @collegeId 参数的值设置为控件类型的学院信息 DropDownList 控件的选择值，如图 8-28 所示。

图 8-28　设置 DropDownList 的数据源

这样班级的选择就依赖于学院的选择了，选择不同的学院的时候，班级选择列表自动列出该学院的班级。

3. 代码部分的开发

首先进入需要开发的页面时，需要判断用户是希望新建还是修改，这个逻辑依赖于用户是否曾经创建过自己的用户信息，所以需要先验证用户信息表中是否有该用户的信息，可以在代码的 Page_Load 方法中添加如下代码。

```
SqlDataSource1.SelectParameters["userID"].DefaultValue                =
Membership.GetUser().ProviderUserKey.ToString();
    if (!IsPostBack)
    {
        DataView userInfoView = (DataView)SqlDataSource1.Select(new DataSource
SelectArguments());
        if (userInfoView.Count == 0)
        {
            this.formview1.DefaultMode = FormViewMode.Insert;
        }
        else
        {
            this.formview1.DefaultMode = FormViewMode.Edit;
        }
    }
```

第一句代码是为 SqlDataSource1 对象中的 SelectCommand 的 @userId 参数赋值，这是个新的知识点，数据源控件在各个 Command 中定义的参数都可以用 DefaultValue 属性从代码中赋值，这样数据源控件的应用就更加灵活了。

第二句代码的判断条件是 IsPostBack，在前边讲 Page 类的时候提到过，IsPostBack 用来指示该页是否正为响应客户端回发而加载。这句代码的意思就是如果不是回发进入的 Page_Load 方法（也就是第一次运行）而执行的逻辑。

通过判断 select 语句返回结果的记录数来判断进入了用户信息的创建模式或修改模式，代码修改 FormView 控件的模式依赖 FormView 的 DefaultMode 属性。

利用联动方式选择学院和班级会给 FormView 控件模板的赋值带来一些麻烦，因此必须通过代码方式赋值。

选择 FormView 控件，在属性面板中选择"事件"选项，分别在 ItemInserting 事件和 ItemUpdating 事件后面的输入框中双击鼠标，为这两个事件写对应的方法，界面如图 8-29 所示。

图 8-29 设置 FormView 的事件

在 formview1_ItemInserting 方法中添加如下代码。

```
SqlDataSource1.InsertParameters["userCollegeId"].DefaultValue =
((DropDownList)formview1.FindControl("ddlCollege")).SelectedValue;
SqlDataSource1.InsertParameters["userClassID"].DefaultValue =
((DropDownList)formview1.FindControl("ddlClass")).SelectedValue;
```

在 formview1_ItemUpdating 方法中添加如下代码。

```
SqlDataSource1.UpdateParameters["Sex"].DefaultValue =
((RadioButtonList)formview1.FindControl("rbtnSex")).SelectedValue;
SqlDataSource1.UpdateParameters["userCollegeId"].DefaultValue =
((DropDownList)formview1.FindControl("ddlCollege")).SelectedValue;
SqlDataSource1.UpdateParameters["userClassID"].DefaultValue =
((DropDownList)formview1.FindControl("ddlClass")).SelectedValue;
```

希望用户操作成功后返回首页，所以继续实现 FormView 控件的 ItemInserted 事件，输入如下代码。

```
Response.Redirect("Default.aspx");
```

这又是一个以后会经常用的方法 Response.Redirect，它用来将客户端的 URL 指向一个新的页面。

到这里，用户信息维护的页面就开发完了，用 FormView 的 InsertItemTemplate 和 EditItemTemplate 模板，配合 SqlDataSource 控件完整地实现了开发任务。

8.9 "添加图书"改进

本章第 2 节中实现了添加图书功能，但是它是不完全版本，原因是没有实现图片的添加，本节将完整地实现添加图书功能。

相对而言，将本地的图片传输并保存到数据库是个比较麻烦的事情，这里使用 ObjectDataSource 控件来实现数据的传递。与前面大量使用的 SqlDataSource 控件的作用一样，ObjectDataSource 控件也是用于数据绑定的，都是对界面的 UI 控件实现数据绑定的支持，它们两个的区别在于各自的数据源有差异，SqlDataSource 控件的数据来源是数据库或数据文件；而 ObjectDataSource 控件的数据源是代码中的实例方法。

可以利用 ObjectDataSource 控件将符合数据绑定的代码方法绑定到 UI 控件上，并且自动为控件匹配参数，这样就简化了界面开发过程，使用一句代码就可以对界面和代码的取值赋值。

首先实现将图书信息存储到数据库的代码。先实现一个图书的实体类，用来支持范型的方式进行绑定。

book.cs 代码如下：

```csharp
using System;
using System.Data;
using System.Configuration;
using System.Web;
using System.Web.Security;
using System.Web.UI;
using System.Web.UI.WebControls;
using System.Web.UI.WebControls.WebParts;
using System.Web.UI.HTMLControls;

public class Book
{
    private int _ID;
    private string _bookNm;
    private string _bookNo;
    private string _publisher;
    private string _author;
    private int _categoryID;
    private DateTime _publishDate;
    private int _bookNumber;
    private string _bookDescription;
    private DateTime _addDate;

    public int ID { get { return _ID; } }
    public string BookNm { get { return _bookNm; } }
    public string BookNo { get { return _bookNo; } }
    public string Publisher { get { return _publisher; } }
    public string Author { get { return _author; } }
    public int CategoryID { get { return _categoryID; } }
    public DateTime PublishDate { get { return _publishDate; } }
    public int BookNumber { get { return _bookNumber; } }
    public string BookDescription { get { return _bookDescription; } }
    public DateTime AddDate { get { return _addDate; } }

    public Book(int ID, string bookNm, string bookNo, string publisher,
        string author,int categoryID, DateTime publishDate, int bookNumber,
        string bookDescription, DateTime addDate)
    {
```

```
            this._ID = ID;
            this._bookNm = bookNm;
            this._bookNo = bookNo;
            this._publisher = publisher;
            this._author = author;
            this._categoryID = categoryID;
            this._publishDate = publishDate;
            this._bookNumber = bookNumber;
            this._bookDescription = bookDescription;
            this._addDate = addDate;
        }
    }
```

可以看出，所谓的实体类，就是仅仅实现变量、属性和构造函数的对象，这类对象没有实现方法，所以方便在各个层之间传递。

接下来，实现图书添加的功能，代码如下：

```
public static List<Book> GetBooks(int ID)
    {
        using (SqlConnection connection = new SqlConnection
(ConfigurationManager.ConnectionStrings["LibraryMSConnectionString"].
ConnectionString))
        {
            using (SqlCommand command = new SqlCommand("select * from book where
ID=@ID", connection))
            {
                command.CommandType = CommandType.Text;
                command.Parameters.Add(new SqlParameter("@ID", ID));
                connection.Open();
                List<Book> list = new List<Book>();
                using (SqlDataReader reader = command.ExecuteReader())
                {
                    while (reader.Read())
                    {
                        Book book = new Book(
                            (int)reader["ID"],
                            (string)reader["bookNm"],
                            (string)reader["bookNo"],
                            (string)reader["publisher"],
                            (string)reader["author"],
                            (int)reader["categoryID"],
                            (DateTime)reader["publishDate"],
```

```
                            (int)reader["bookNumber"],
                            (string)reader["bookDescription"],
                            (DateTime)reader["addDate"]);
                        list.Add(book);
                    }
                }
                return list;
            }
        }
    }

    public static void AddBook(string BookNm, string BookNo,string Publisher,
        string Author,int CategoryID,DateTime PublishDate,int BookNumber,
        string BookDescription,DateTime AddDate,byte[] imgBytes)
    {
        using (SqlConnection connection = new SqlConnection (Configuration
Manager.ConnectionStrings["LibraryMSConnectionString"].ConnectionString))
        {
            using (SqlCommand command = new SqlCommand("AddBook", connection))
            {
                command.CommandType = CommandType.StoredProcedure;
                command.Parameters.Add(new SqlParameter("@bookNm", BookNm));
                command.Parameters.Add(new SqlParameter("@bookNo", BookNo));
                command.Parameters.Add(new         SqlParameter("@publisher",
Publisher));
                command.Parameters.Add(new SqlParameter("@author", Author));
                command.Parameters.Add(new         SqlParameter("@categoryID",
CategoryID));
                command.Parameters.Add(new         SqlParameter("@publishDate",
PublishDate));
                command.Parameters.Add(new  SqlParameter("@bookNumber",  Book
Number));
                command.Parameters.Add(new   SqlParameter("@bookDescription",
BookDescription));
                command.Parameters.Add(new SqlParameter("@addDate", AddDate));
                command.Parameters.Add(new SqlParameter("@imgBytes", imgBytes));
                connection.Open();
                command.ExecuteNonQuery();
            }
        }
    }
```

图书添加的功能利用存储过程——AddBook 来实现，通过上面的代码可以看到，通过设置 SqlCommand 的 CommandType 属性为 CommandType.StoredProcedure，该设置定义调用的是存储过程而不是 SQL 语句。

接下来需要修改界面，增加图片上传控件。

在原页面中增加如下代码。

```
<tr>
    <td >图书图片</td><td style="width: 296px">
    <ASP:FileUpload ID="uploadFile" FileBytes='<%# Bind("imgBytes") %>'
runat="server" /></td>
</tr>
```

这里使用 FileBytes 属性来传输数据。

最后一步，需要实现 ObjectDataSource 控件，将 ObjectDataSource 控件拖入页面中，选择配置数据源，将出现如图 8-30 所示的界面。

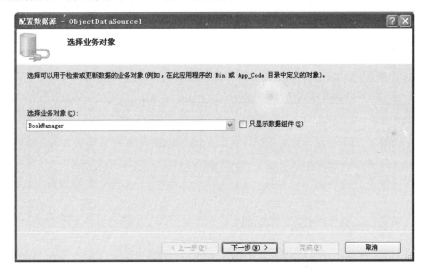

图 8-30 设置 ObjectDataSource 的数据源

在"选择业务对象"中选择 BookManager 对象，然后单击"下一步"按钮。会出现一个由 4 个选项卡组成的界面，如图 8-31 所示。

在 SELECT 选项卡中选择 GetBooks 方法，在 INSERT 选项卡中选择 AddBook 方法，然后单击"下一步"按钮，这时会出现参数配置界面，将 URL 传输来的 bookID 参数赋给 GetBooks 方法的 ID 参数，然后单击"完成"按钮，如图 8-32 所示。

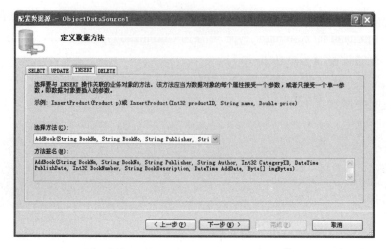

图 8-31　设置 ObjectDataSource 的数据源

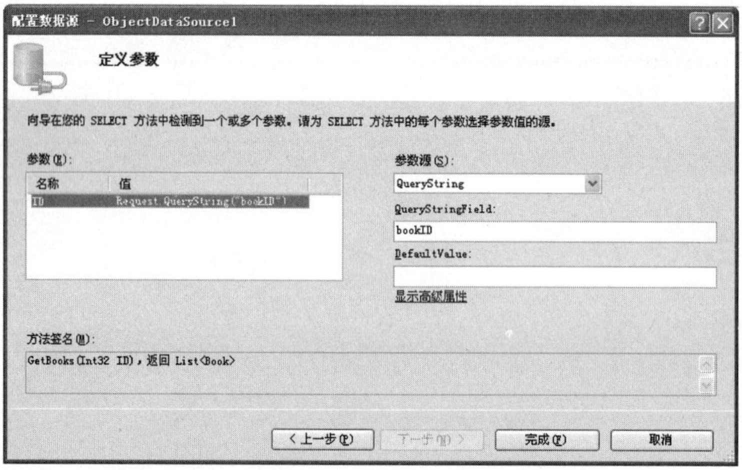

图 8-32　设置 ObjectDataSource 的数据源

　　这里看到从 URL 的参数中获取参数的值，如 "http://Localhost/LibraryMS/book.asp?bookID=1&classID=2" 中 bookID 和 classID 的值可以使用 QueryString 来获得。

　　最后，存储过程 AddBook 的代码如下所示。

```
ALTER PROCEDURE dbo.AddBook
    (
    @bookNm nvarchar(50) ,
    @bookNo nvarchar(50),
    @publisher nvarchar(50),
    @author nvarchar(50),
```

```
        @categoryID int,
        @publishDate datetime,
        @bookNumber int,
        @bookDescription text,
        @addDate datetime,
        @imgBytes image
        )
AS
begin
    DECLARE @bookID int
    INSERT INTO [book]
    ([bookNm], [bookNo], [publisher], [author], [categoryID],
    [publishDate], [bookNumber], [bookDescription], [addDate])
     VALUES
     (@bookNm, @bookNo, @publisher, @author,
     @categoryID, @publishDate, @bookNumber,
     @bookDescription, @addDate)

     select @bookId=@@Identity

     INSERT INTO [bookImage] ([bookID],[bookImg])
     VALUES (@bookID,@imgBytes)
end
```

这里值得注意的是 "select @bookID=@@Identity" 这句，它代表的意思是取最后一次自增数自增后的结果，也就是 book 表记录添加后 ID 列的内容。

通过上面的开发加配置，添加图书的功能就完整实现了。

8.10 "延期借阅申请审批"实现

在日常的开发中往往需要对记录进行浏览、添加、修改和删除以外的操作，例如，借阅者的借阅记录的审批操作，需要修改延期借阅申请的最终状态为批准或不批准，批准状态下还要改写借阅记录的还书时间，这个如何实现？必须写大量的代码实现吗？

这里通过 GridView 控件的自定义 Command 的方式来实现这个复杂的功能。

1．创建程序文件

首先创建一个新的页面，命名为 "Apply.aspx"，并且把文件建立在 "Admin" 目录下，母版页选择 "default.master"。

2. 编辑控件

先来开发延期借阅申请的浏览，将 GridView 控件拖入页面中，配置它的数据绑定，在自定义 SQL 语句的 SELECT 选项卡中输入以下代码。

```
SELECT [bookNm], [bookID], [isReturn], [returnTime], [borrowTime], [borrowID],
[conclusion], [applyDate], [applyMark], [extensionType], [ID], [userID], [userNm],
[classNm] FROM [vExtensionApply] where [conclusion]=1
```

这里选择的数据源是 **vExtensionApply** 视图，为什么使用视图呢？主要是在视图中实现相关字段的外联解释，如延期借阅申请表中有 **userID** 这个字段。但希望浏览的是用户的名称，所以经过视图的转换可以实现让用户名称出现在记录的列中，下面列出了该视图的代码。

```
SELECT dbo.book.bookNm, dbo.bookBorrow.bookID, dbo.bookBorrow.isReturn,
       dbo.bookBorrow.returnTime, dbo.bookBorrow.borrowTime,
       dbo.extensionApply.borrowID, dbo.extensionApply.conclusion,
       dbo.extensionApply.applyDate, dbo.extensionApply.applyMark,
       dbo.extensionApply.extensionType, dbo.extensionApply.ID,
       dbo.extensionApply.userID,    dbo.userInfo.userNm,    dbo.schoolclass.
classNm
    FROM dbo.userInfo LEFT OUTER JOIN
       dbo.schoolclass ON
       dbo.userInfo.userClassID = dbo.schoolclass.ID RIGHT OUTER JOIN
       dbo.extensionApply ON
       dbo.userInfo.userID = dbo.extensionApply.userID LEFT OUTER JOIN
       dbo.book RIGHT OUTER JOIN
       dbo.bookBorrow ON dbo.book.ID = dbo.bookBorrow.bookID ON
       dbo.extensionApply.borrowID = dbo.bookBorrow.ID
```

接下来需要配置 GridView 控件，选择"编辑模板"，在 ItemTemplate 模板中拖入两个 Web 控件下的 Button 控件，分别配置它们的属性如下：

- 第一个 Button 控件：Text 属性为"同意"，CommandName 属性为"Agree"。
- 第二个 Button 控件：Text 属性为"不同意"，CommandName 属性为"unAgree"。

接下来为这两个 Button 控件实现各自对应的 SqlDataSource 控件。

"同意"按钮的 SqlDataSource 控件配置：拖入 SqlDataSource 控件，并配置它的数据源，在自定义语句中配置数据源为存储过程 AgreeApply，如图 8-33 所示。

图 8-33 配置数据源

然后单击"下一步"按钮，并按照向导结束配置，下面看看 AgreeApply 存储过程是如何实现的，代码如下：

```
ALTER PROCEDURE dbo.AgreeApply
    (
    @ApplyID int
    )

AS
begin
    SET NOCOUNT ON
    update ExtensionApply set Conclusion = 2 where ID=@ApplyID

    update bookborrow set ReturnTime=DATEADD(Month,borrowType,ReturnTime)
where ID in (select borrowID from ExtensionApply where ID=@ApplyID)
    end
```

"不同意"按钮的 SqlDataSource 控件配置：拖入 SqlDataSource 控件，并配置它的数据源，在自定义 SQL 语句的 UPDATE 选项卡中输入如下代码。

```
UPDATE extensionApply SET conclusion = @conclusion WHERE (ID = @ID)
```

接下来需要开发相应的代码实现，首先要了解 GridView 控件中命令的触发事件，GridView 控件命令按钮被单击时将触发 RowCommand 事件，可以实现 RowCommand 事件，代码如下：

```
GrIDViewRow currRow = (GrIDViewRow)((Button)e.CommandSource).Parent.Parent;
        string strAge = currRow.Cells[0].Text.ToString();
        if (e.CommandName.Equals("Agree"))
        {
            this.SqlDataSource3.SelectParameters["ApplyID"].DefaultValue   =
strAge;
            this.SqlDataSource3.Select(new DataSourceSelectArguments());
        }
        else if (e.CommandName.Equals("UnAgree"))
        {
            this.SqlDataSource2.UpdateParameters["conclusion"].DefaultValue
= "3";
            this.SqlDataSource2.UpdateParameters["ID"].DefaultValue = strAge;
            this.SqlDataSource2.Update();
        }
        this.grIDview1.DataBind();
```

    需要取出 GridView 控件中的 ID 字段的内容，所以通过当前触发事件的 Button 控件（通过 e.CommandSource 取到）的父控件找到记录的行——GridViewRow 对象，然后通过该行的 Cells 属性的索引找到 ID 字段所在的列，通过该列的 Text 属性取到内容，然后根据 Button 控件命令的不同，分别执行各自的操作。

    这样，延期借阅申请审批功能就实现完毕了。

8.11　小结

    本章通过编程实现图书管理系统的各个页面了解了 Web 开发中的各个知识点，它们包括如下内容。

    数据绑定的基本实现；

    通过 GridView、DataList 控件实现多条记录的绑定呈现；

    通过 FormView 控件实现单条记录的浏览、新建、修改和删除操作；

    通过存储过程实现数据绑定功能的增强；

    通过 ObjectDataSource 控件实现数据源是对象的数据绑定；

    通过扩展命令方式拓展绑定控件的应用。

    本章用大量的"讲解+图例+代码"的方式讲解如何使用不同的控件组合解决各种问题，但限于项目的难度，还有更多功能没有列举，希望读者在后面的开发中能够举一反三，在前面实例的帮助下迅速掌握它们的使用技巧。

第 9 章　站点导航和站点地图

本章将讲解利用 ASP.NET 2.0 提供的站点导航和站点地图功能，实现图书管理系统不同功能的导航。

9.1　站点导航的意义

通过前面的开发，可以看到 Web 项目是由多个页面组成的，用户使用的时候如何进入页面并实现操作呢？通过在浏览器的地址栏中输入 URL 的办法是可行的，但是很麻烦，更好的方法是利用页面的导航来实现，在进入网站的首页后就可以使用导航条的帮助进入相应的页面。

随着增量开发的进行和 Web 项目的变更，不断有新页面被创建、移动目录和删除，在不同的页面中直接用 Link 的方式链接其余页面会遇到越来越多的麻烦，所以衍生了很多工具软件自动帮助查找和更新链接目录，但是这样比较烦琐。没有更好的方式实现站点导航功能吗？ASP.NET 2.0 带来了新的解决方案方便实现灵活的页面导航，并且可以满足页面变化的需要。

当然 ASP.NET 2.0 提供的站点地图和站点导航功能不仅仅可以实现简单的页面信息的导航，还可以实现与之相关的一套控件、导航应用的对象和扩展、将站点地图和控件绑定的数据源控件、支持用户和角色权限验证的安全配置等很多功能。

1. 站点导航控件

ASP.NET 2.0 提供了以下三个站点导航控件。

（1）SiteMapPath：用于显示导航路径，向用户显示当前页面的位置，并以链接的形式显示其各层父节点的链接。

（2）TreeView：用树状显示站点结构，让用户可以遍历访问站点中的不同页面。

（3）Menu：显示一个可展开的菜单，让用户可以遍历访问站点中的不同页面。

2．导航应用的对象和扩展

ASP.NET 2.0 提供了支持站点导航编程开发的 SiteMap、SiteMapNode 和 SiteMapProvider 对象来辅助站点导航的应用，还可以用自定义站点地图提供程序的方式来实现站点地图不同数据源的开发扩展，可以将放置在数据库中的站点信息绑定到站点导航控件上。

3．站点地图数据源控件

ASP.NET 2.0 提供了专门针对站点地图的数据源控件——SiteMapDataSource 来支持 ASP.NET 导航控件（如 TreeView 和 Menu 控件，SiteMapPath 控件绑定不需要数据源）。

4．安全方面配置

ASP.NET 2.0 的导航控件、站点地图、成员资格管理三者结合起来实现对用户身份的验证，没有通过验证的用户将不显示限制的站点项目。这一部分将在第 10 章成员资格管理中详细介绍。

9.2 建立站点地图

首先需要为站点建立站点地图，ASP.NET 2.0 的站点地图默认存储于根目录下的 Web.sitemap 文件中，可以通过"添加新项"的"站点地图"类型文件来创建，如图 9-1 所示。

图 9-1　建立站点地图类型文件

Web.sitemap 文件是标准的 XML 类型文件，主要由 SiteMapNode 节点组成，一个 SiteMapNode 节点就代表着一个页面，SiteMapNode 节点下有三个常用的属性，如表 9-1 所示。

表 9-1　SiteMapNode 常用属性解释

属　　性	说　　明
Description	对 SiteMapNode 节点的描述
Title	SiteMapNode 节点的标题
URL	SiteMapNode 节点代表的页的 URL，可以使用 "～" 代表应用程序的根目录

把上一章建立的文件整理到 Web.sitemap 文件中，最终的代码如下：

```
<?xml version="1.0" encoding="utf-8" ?>
<siteMap xmlns="http://schemas.microsoft.com/AspNet/SiteMap-File-1.0" >
    <siteMapNode url="~/Default.aspx" title="首页"  description="首页">
        <siteMapNode url="~/Regulation/Default.aspx" title="图书借阅制度"
description="图书借阅制度" />
        <siteMapNode url="~/BookCatelog/Default.aspx" title="图书目录"
description="图书目录">
            <siteMapNode url="~/BookCatelog/ShowBookList.aspx" title="图书
列表" description="图书列表">
                <siteMapNode url="~/BookCatelog/ShowBookDetail.aspx" title="
图书信息" description="图书信息" />
            </siteMapNode>
        </siteMapNode>
    <siteMapNode url="~/Contact.aspx" title="关于项目" description="关于项目"
/>
    <siteMapNode url="~/User/Default.aspx" title="借阅者操作" description="
借阅者操作">
        <siteMapNode url="~/User/UserInfo.aspx" title="个人信息维护"description="个
人信息维护" />
        <siteMapNode url="~/User/BorrowBookList.aspx" title="已借阅图书"description="
已借阅图书" />
        <siteMapNode url="~/User/ApplyList.aspx" title="延期还书申请"description="
延期还书申请" />
    </siteMapNode>
    <siteMapNode url="~/Admin/Default.aspx" title="后台管理" description="
后台管理">
        <siteMapNode url="~/Admin/Catelog.aspx" title="图书类别维护"
description="图书类别维护" />
        <siteMapNode url="~/Admin/Book.aspx" title="图书维护" description="图
```

```
书维护" />
        <siteMapNode url="~/Admin/BorrowerInfo.aspx" title="借阅者信息浏览"
description="借阅者信息浏览" />
        <siteMapNode url="~/Admin/BorrowBook.aspx" title="图书借阅"description="
图书借阅" />
        <siteMapNode url="~/Admin/BackBook.aspx" title="归还图书"description="
归还图书" />
        <siteMapNode url="~/Admin/Apply.aspx" title="延期归还申请" description="
延期归还申请" />
        <siteMapNode url="~/Admin/BorrowedBook.aspx" title="已借阅图书列表"
description="已借阅图书列表" />
      </siteMapNode>
    </siteMapNode>
  </siteMap>
```

分别将借阅者和图书管理员的操作放到两个单独的 SiteMapNode 节点下，有助于后面的功能导航的权限验证。

9.3　Menu 控件实现导航

接下来实现母版页中的站点导航，在介绍母版页的开发章节中，已经在母版页中实现了主菜单区的设计，可以在该设计的基础上进行 Menu 控件的实现。

1. 创建 Menu 控件

在母版页开发中已经实现了代码输入方式添加 Menu 控件，其实在开发中常常将 Menu 控件拖入页面的设计区域。

2. 配置 Menu 控件的数据源

单击 Menu 控件右上角的三角，并选择数据源中的新建数据源，如图 9-2 所示。

图 9-2　配置 Menu 控件的数据源

在弹出的数据源选择窗口中选择"站点地图"，单击"确定"按钮，这样 Menu 控件的数据源就配置完成了。

3. 修改 Menu 控件属性

下面通过修改 Menu 控件的属性来满足开发需要。Menu 控件的主要属性如表 9-2 所示。

表 9-2   Menu 控件主要属性

属　　性	赋　　值	说　　明
Orientation	Horizontal	水平呈现 Menu 控件
StaticDisplayLevels	2	静态菜单的菜单显示级别数为两级
MaximumDynamicDisplayLevels	0	动态菜单的菜单呈现级别数为 0

接下来将 Menu 控件的 StaticMenuItemStyle 属性中的 CssClass 设置为 "Item"。

4. 浏览设计结果

经过以上的设置，符合界面风格和功能要求的导航条就开发完毕了，预览最终呈现结果，如图 9-3 所示。

图 9-3   控件设计预览（1）

9.4   TreeView 控件实现导航

借阅者和图书管理员的操作导航用 TreeView 控件来呈现各自的细节功能。借阅者功能导航实现步骤如下：

（1）创建导航页面。在 "User" 目录下创建新项目，类型为 "Web 窗体"，文件命名为 "default.aspx"，页面使用设计好的母版页。

（2）创建 TreeView。将 TreeView 控件拖入刚创建的页面的内容区。

（3）配置 TreeView 控件的数据源。单击 Menu 控件右上角的小三角，并选择数据源中的新建数据源，在弹出的数据源选择窗口中选择 "站点地图"，单击 "确定" 按钮。

（4）修改数据源的属性。修改数据源控件，使 TreeView 控件仅仅显示本级及以下各级的导航信息，具体属性修改项目如表 9-3 所示。

表 9-3   属性修改项目

属　　性	赋　　值	说　　明
StartingNodeOffset	1	SiteMap 基节点开始位置的深度

（5）浏览设计结果。控件设计的最终页面如图9-4所示。

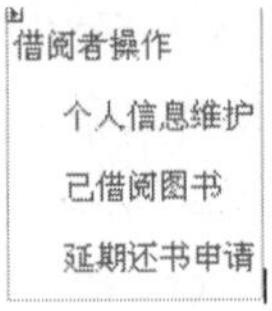

借阅者操作

个人信息维护

已借阅图书

延期还书申请

图9-4 控件设计预览（2）

同样图书管理员的操作导航也可以用同样的方法快速配置。

9.5 SiteMapPath 控件实现导航

SiteMapPath 控件实现了当前页面的父节点的导航，该控件自动绑定到站点地图上，

首页 > 借阅者操作

不需要配置数据源，是导航控件中最简单的空间，只需要将 SiteMapPath 控件拖入相关位置中就可以了。如图9-5所

图9-5 控件设计预览（3） 示为控件设计的最终结果。

9.6 站点导航的扩展应用

站点导航的控件实现很简单，但实现条件要求数据源为站点地图。如果站点资源放置在数据库中，就必须用扩展站点导航来实现了。再如，网站开发中经常用动态 URL 方式来实现某些功能的应用，这样就需要以编程方式访问站点地图的节点内容。

1. 实现 ASP.NET 站点地图提供程序的基本知识

实现自定义的站点地图提供程序基本上需要以下两个步骤。

（1）实现站点地图提供程序代码。自定义的站点地图提供程序需要继承自抽象 SiteMapProvider 类，实现 SiteMapProvider 类的属性和方法，具体的实现就不详细介绍了，MSDN 中有相关的案例介绍。

（2）配置 web.config。将自定义的站点地图提供程序配置为默认提供程序，在 web.config 文件中，system.web 节点下的 siteMap 就是设置站点地图提供程序用的，具体配置也请查询 MSDN 的讲解。

2. 编程方式访问站点地图的节点内容的方法

一般地，利用前面提到的 SiteMap 和 SiteMapNode 对象来实现以编程方式访问站点地图的节点内容。SiteMap 对象是 ASP.NET 站点导航基础结构的组件，它为使用导航

和 SiteMapDataSource 控件的网页和控件开发人员提供了对只读站点地图信息的访问。SiteMap 通过 CurrentNode 和 RootNode 返回当前站点地图的 SiteMapNode 和顶级 SiteMapNode 对象。SiteMapNode 对象表示站点地图结构中的一个网站页面，它通过 URL、Title 和 Description 属性以及 ChildNodes 和 ParentNode 属性遍历这个站点地图的节点。

9.7　小结

本章利用 ASP.NET 提供的站点导航功能，快速地实现了图书系统的站点结构和页面导航，通过开发可以看到，ASP.NET 的站点导航功能配置开发相当简单，仅仅需要单击几下鼠标就可以完成开发任务。

第 10 章　成员资格管理

本章将利用 ASP.NET 的成员资格管理来实现图书系统基于角色的权限管理，并且在页面导航中自动增加权限验证。

10.1　成员资格管理的意义

上一章实现了网站的导航，其中的页面按照功能区分为三组。一组功能是图书借阅者使用的；一组功能是图书管理员使用的；还有一组功能是任意用户使用的。但是还没有实现用户登录和权限验证，如果没有实现用户登录和权限验证，图书管理系统是无法正式使用的。

传统的 Web 项目开发都需要一套用户登录、用户管理和权限验证体系，根据项目的内容不同，应用的程度也不同，有的权限设置到用户级别，只要是被认证的用户就可以使用项目的任何功能；有的项目需求复杂一些，需要按照角色来实现权限的管理，每个系统用户都被分成一个或多个角色，权限设置的对象为角色，通过用户担当的角色来验证功能的执行权限。

虽然每个项目的用户和权限管理都有区别，但是它们还是有很多共同之处的。ASP.NET 2.0 就利用这些共同之处为开发者实现了成员资格管理功能模块，可以将 ASP.NET 成员资格与 ASP.NET Forms 身份验证或 ASP.NET 登录控件一起使用，以创建一个完整的用户身份验证系统。

下面介绍一下成员资格管理的基本功能。

（1）实现了一套用于成员资格管理的控件，有登录控件、注销控件、登录状态控件、修改密码控件和注册用户控件。

（2）实现了将用户资格信息存储到 Microsoft SQL Server、Active Directory 或其他数据存储区等的功能。

（3）实现对用户的资格验证，并与 ASP.NET Forms 身份验证绑定，无须编写代码实现用户资格验证功能。

（4）实现对用户的管理，如注册、修改密码等，也由控件独立完成，无须开发代码实现。

（5）提供对 ASP.NET 个性化设置和角色管理的系统，可以使用用户标识进行个性化设置的扩展开发。

（6）可以通过实现自定义成员资格提供程序来适应其他数据源或原有权限体系的扩展，并可以使用现有的成员资格管理功能和控件。

从上面介绍的 ASP.NET 成员资格以及扩展来看，开发一个新的 Web 项目会节约很多的开发时间，并且通过微软对成员资格统一管理，应用了系统用户管理的标准，这对于以后项目的扩展和集成很有帮助。

下面就按照图书管理系统开发的步骤来了解一下如何使用 ASP.NET 成员资格管理来实现项目的成员管理。

10.2　简单配置实现成员管理

通过简单的配置可以很快地建立简单的成员管理应用，配置的步骤如下：

（1）生成数据库并配置；

（2）使用登录控件制作相关页面。

10.2.1　生成数据库并配置

要使用 membership，需要对数据库进行一些配置，数据库中应该是一些固有的表、视图和存储过程。现在的数据库中没有这些东西，不过，可以通过向导——aspnet-regsql.exe 来创建它们。一般来说它的默认存储位置为：

C:\WINDOWS\Microsoft.NET\Framework\v2.0.50727

它既可以创建数据库中的选项，也可以移除这些设置。

1. 将 membership 导入到本项目用到的数据库中

（1）运行 aspnet_regsql.exe，出现"安装向导"对话框，如图 10-1 所示。

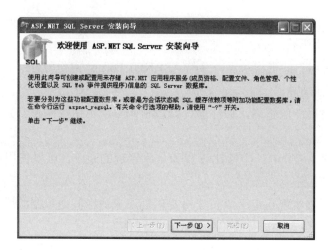

图 10-1　安装向导对话框（1）

（2）单击"下一步"按钮，将会出现一个对话框，可以选择"创建数据库"或是"移除数据库"，勾选"创建数据库"，单击"下一步"按钮，将会出现一个"选择服务器和数据库"对话框，如图 10-2 所示。

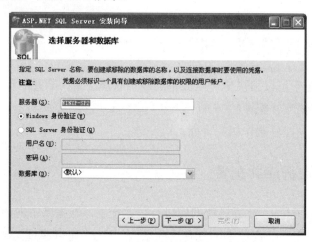

图 10-2　安装向导对话框（2）

（3）输入服务器名称，并选择合适的数据库，程序将会自动生成成员资格管理所使用的数据表、视图和存储过程。这里注意不能选择 SQL Server 2005 的文档方式导入数据库。

这样支持成员资格管理的数据库就被加入到开发数据库中了，可以配置成员资格管理，实现安全管理需求。

2. 配置 web.config

需要先在 web.config 中配置才能在项目中应用成员资格管理，步骤如下：

（1）配置验证方式：首先在 system.web 节点下添加 authentication 节点，membership 是用于成员资格管理的，要求验证登录身份，这里我们使用 Forms 验证。代码如下：

```
<authentication mode="Forms">
    <forms protection="Validation" defaultUrl="Default.aspx" loginUrl=
"Default.aspx">
</forms>
</authentication >
```

> 注意　ASP.NET 2.0 支持 Windows 验证和 Forms 验证。

（2）配置 membership 节点：然后在 system.web 节点下添加 membership 节点，在 web.config 文件中添加以下代码。

```
<membership defaultProvider="SqlMembershipProvider" userIsOnlineTime
Window="15">
    <providers>
     <add
        name="SqlMembershipProvider"
        type="System.Web.Security.SqlMembershipProvider"
        connectionStringName="LibraryMSConnectionString"
        applicationName="LibraryMS"
        enablePasswordRetrieval="false"
        enablePasswordReset="true"
        requiresQuestionAndAnswer="true"
        requiresUniqueEmail="false"
        passwordFormat="Hashed"
        maxInvalidPasswordAttempts="5"
        passwordAttemptWindow="10" />
    </providers>
</membership>
```

defaultProvider：提供程序的名称。默认为 AspNetSqlMembershipProvider。如果有多个 Provider 的话，指定一个默认值。

userIsOnlineTimeWindow：指定用户在最近一次活动的日期/时间戳之后被视为联机的分钟数。

connectionStringName：membership 数据库的连接名称。

applicationName：应用程序的名称。

enablePasswordRetrieval：指示当前成员资格提供程序是否配置为允许用户检索其密码。

enablePasswordReset：指示当前成员资格提供程序是否配置为允许用户重置其密码。

requiresQuestionAndAnswer：指示默认成员资格提供程序是否要求用户在进行密码重置和检索时回答密码提示问题。

requiresUniqueEmail：指示成员资格提供程序是否配置为要求每个用户名具有唯一的电子邮件地址。

passwordFormat：指示在成员资格数据存储区中存储密码的格式。值可选 Clear、Encrypted 和 Hashed。Clear 密码以明文形式存储，这可以提高存储和检索密码的性能，但安全性较差，当数据源安全性受到威胁时，此类密码很容易被读取；Encrypted 密码在存储时进行了加密，可以在比较或检索密码时进行解密，此类密码在存储和检索时需要进行额外的处理，但比较安全，在数据源的安全性受到威胁时不容易被获取；Hashed 密码在存储到数据库时，使用单向哈希算法和随机生成的 salt 值进行哈希处理。在验证某一密码时，将用数据库中的 salt 值对该密码进行哈希计算以进行验证。

maxInvalidPasswordAttempts：锁定成员资格用户前，允许的无效密码或无效密码提示问题答案尝试次数。

passwordAttemptWindow：在锁定成员资格用户之前，允许的最大无效密码或无效密码提示问题答案尝试次数的分钟数。这是为了防止不明来源通过反复尝试来猜测成员资格用户的密码或密码提示问题答案的额外措施。

配置好这些之后，就可以使用之前导入到 LIBRARYMS 数据库中的 membership 了。

10.2.2　制作注册页

接下来可以按照以下步骤开发用于注册的页面。

1．创建注册页面

在"解决方案管理"浮动窗体中的网站项目上，单击鼠标右键并选择"添加新项"菜单，将弹出"文件类型选择"对话框，选择"Web 窗体"类型，并将文件命名为"NewUser.aspx"。

2．增加注册控件

将一个 CreateUserWizard 控件拖到页面上。

3．配置注册控件

自己定义 CreateUserWizard 控件的内容。通过指定模板的内容，可以指定自定义用户界面，这需要使用 CreateUserWizardStep 及 CompleteWizardStep 模板。在本项目中，采用自定义用户界面。

（1）首先在<asp:CreateUserWizardStep> 元素中创建一个 <ContentTemplate> 元素。在该模板中，添加标记和控件来定义收集所需用户信息的用户界面布局和内容，代码如下：

```
<asp:CreateUserWizardStep ID ="CreateUserWizardStep1" runat ="server" >
    <ContentTemplate >
        <table border="0" style="font-size: 100%; font-family: Verdana">
        <tr>
            <td align="center" colspan="2" style="font-weight: bold; color:
white; background-color: #5d7b9d">新用户注册</td>
        </tr>
        <tr>
            <td align="right">
             <asp:Label ID="UserNameLabel" runat="server" AssociatedControlID=
"UserName">用户名:</asp:Label></td>
                <td>
            <asp:TextBox ID="UserName"runat="server"></asp:TextBox>
            <asp:RequiredFieldValidator ID="UserNameRequired" runat= "server"
ControlToValidate="UserName" ErrorMessage="请输入用户名" ToolTip="请输入用户名"
ValidationGroup="CreateUserWizard1">*</asp:RequiredFieldValidator>
            </td>
        </tr>
        …
        …
    </ContentTemplate>
</asp:CreateUserWizardStep>
```

（2）设置 CreateUserWizard 控件的属性。

① ContinueDestinationPageUrl：单击"继续"按钮时要重定向到 URL。

② CreateUserButtonType："创建用户"按钮的类型。

4. 增加事件，实现注册

为 CreateUserWizard 控件添加事件，代码如下：

```
protected void CreateUserWizard1_CreatedUser(object sender, EventArgs e)
{
        Roles.AddUserToRole(this.CreateUserWizard1.UserName, "Users");
}
```

该事件的作用是在创建完用户后赋予该用户相应的角色，项目对图书借阅者开放注册，所以注册的用户都是 Users 角色，图书管理员的角色为 Admin。

CreateUserWizard 控件用作注册向导的控件，可以设定控件的模板来实现用户注册的步骤和注册成功后的界面呈现，也就是可以使用 CreateUserWizardStep（如图 10-3 所示）和 CompleteWizardStep 两个模板来实现自定义用户注册功能。通过控件的属性，可以看到控件本身提供了很详细的自定义支持。

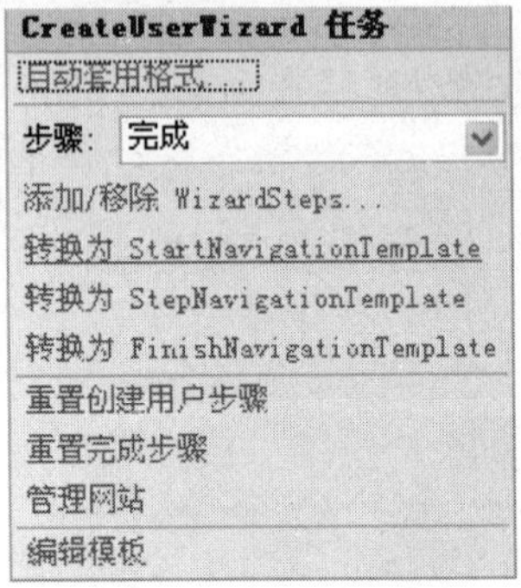

图 10-3　注册向导设置

页面的开发视图如图 10-4 所示。

图 10-4　注册控件预览

10.2.3　制作登录页

接下来实现登录页面，登录部分被设计在母版页的侧栏中，所以，这里要再次完善母版页的开发。

1．创建控件

将一个 LoginView 控件拖到页面中。

2．配置控件的 AnonymousTemplate 模板

使用 LoginView 控件，可以向匿名用户和登录用户显示不同信息。该控件显示 AnonymousTemplate 或 LoggedInTemplate 两个模板之一。在这两个模板中，可以分别添加为匿名用户和经过身份验证的用户显示适当信息的标记和控件。AnonymousTemplate 属性指定当网站用户未登录到网站时向其显示的内容模板。本项目在 Anonymous Template 模板中拖入 Login 控件，作为用户登录的入口，代码如下：

```
<asp:LoginView ID="LoginView1" runat="server">
        <AnonymousTemplate>
            <h3>用户登录</h3>
                <asp:Login ID="Login1" runat="server"/>
                …
                …
        </AnonymousTemplate>
</ LoginView>
```

Login 控件是一个复合控件，它提供对网站上的用户进行身份验证所需的所有常见的 UI 元素。所有登录方案都需要以下三个元素。

（1）用于标识用户的唯一用户名。

（2）用于验证用户标识的密码。

（3）用于将登录信息发送到服务器的登录按钮。

切换到"设计"视图，单击 Login 控件右上方的小三角，如图 10-5 所示，选择 AnonymousTemplate 视图。

图 10-5　登录控件设置

如表 10-1 所示，其列出了 Login 控件模板中使用的必选控件和可选控件。

表 10-1　Login 控件模板包含的控件

属　　性	控件类型	必选/可选
UserName	任何实现 IEditableTextControl 的控件，包括 TextBox、自定义控件或第三方控件	必选
Password	任何实现 IEditableTextControl 的控件，包括 TextBox、自定义控件或第三方控件	必选
RememberMe	CheckBox	可选
FailureText	任何实现 IStaticTextControl 的控件	可选
Login	导致事件冒泡的任何控件	可选

3. 配置 LoggedInTemplate 模板

LoginView 控件的 LoggedInTemplate 模板是通过身份验证的网站用户显示的默认模板，它不属于 RoleGroup 属性中指定的任何角色组的网站用户显示的模板。如果尚未配置角色管理，则 LoggedInTemplate 是唯一可被通过身份验证的用户使用的模板。

切换到"设计"视图，单击 LoginView 控件右上方的小箭头，选择视图中的 LoggedInTemplate。

然后向 LoggedInTemplate 模板中拖入 LoginName 控件及 LoginStatus 控件。

LoginName 控件用于显示用户的登录名，如果应用程序使用 Windows 身份验证，该控件则显示用户的域名和账户名。

LoginStatus 控件用于检测用户的身份验证状态并将链接的状态切换为登录网站或从网站注销。

这样登录部分的实现就完成了。

10.3　增加角色的管理

现在已经实现了用户注册和登录，但是依然无法限制用户按照各自的权限执行各自的功能，接下来可以通过角色管理实现分组权限的问题。

角色管理允许向角色分配用户，并通过设置角色的访问规则来实现应用程序中的用户访问资源的控制。

实现角色的管理分为以下两个主要步骤。

（1）配置 web.config，开启角色管理功能；

（2）利用网站管理工具实现角色管理数据的配置。

10.3.1 配置 web.config

欲使用 membership 的角色管理，可以通过配置 web.config 来实现。

在 system.web 节点下添加代码，如下：

```
<roleManager enabled="true" defaultProvider="AspNETSqlRoleProvider" >
    <providers>
     <clear />
     <add
       connectionStringName="LibraryMSConnectionString"
       applicationName="LibraryMS"
       name="AspNETSqlRoleProvider"
  type="System.Web.Security.SqlRoleProvider,
  System.Web, Version=2.0.0.0, Culture=neutral,PublicKeyToken=b03f5f7f11d
50a3a" />
    </providers>
</roleManager >
```

上面代码中的 roleManager 节点用来管理角色管理配置，enabled="true"表示启用权限管理，defaultProvider="AspNETSqlRoleProvider"表示使用名为 AspNETSqlRoleProvider 的角色管理提供程序实现项目的角色管理。

10.3.2 实现角色权限管理

可以通过 ASP.NET 网站管理工具实现对角色权限的管理。在 IDE 中选择网站选项下的 ASP.NET 配置，如图 10-6 所示。

如图 10-7 所示，ASP.NET 网站管理工具中有 4 个选项卡：主页、安全、应用程序和提供程序。在"安全"选项卡中可以设置和编辑用户、角色和对站点的访问权限；在"应用程序"选项卡中能够管理应用程序的配置设置，在"提供程序"选项卡中能够制定存储网站所用的管理数据的位置和方式。单击"安全"选项卡进入对应用程序的安全设置页面。

单击"启用角色"弹出如图 10-8 所示的对话框。

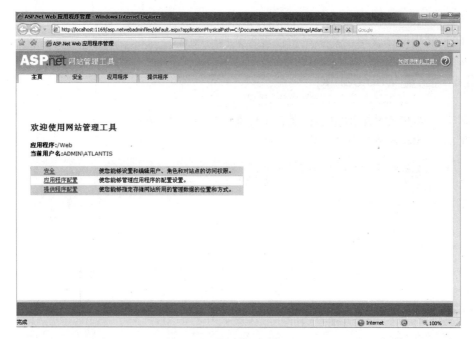

图 10-6　ASP.NET 网站管理工具（1）

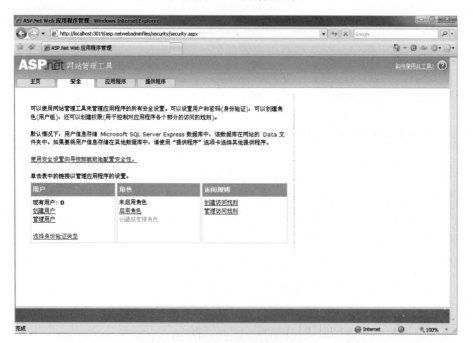

图 10-7　ASP.NET 网站管理工具（2）

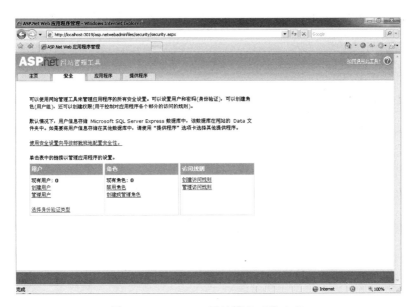

图 10-8　ASP.NET 网站管理工具（3）

然后就可以创建角色。

单击"创建或管理角色"，弹出如图 10-9 所示的对话框，在"新角色名称中"分别输入"用户"和"管理员"，分别对应着这个项目中的两种角色，用户（Users）和管理员（Administrators）。

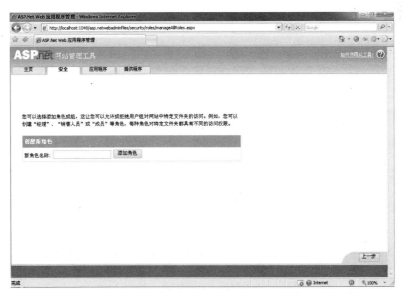

图 10-9　ASP.NET 网站管理工具（4）

创建完角色之后回到"安全"选项卡,参见图 10-8,单击"创建访问规则",弹出如图 10-10 所示的对话框。

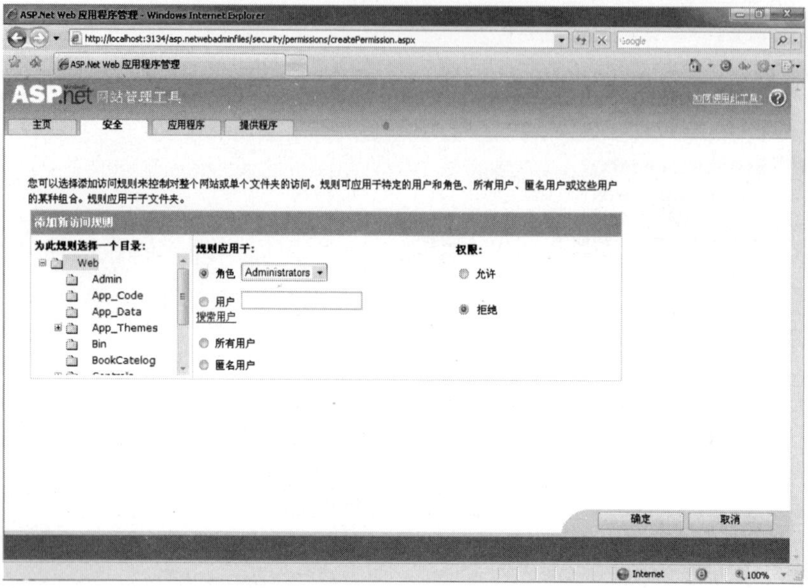

图 10-10　ASP.NET 网站管理工具(5)

在如图 10-10 所示的对话框中,可以很方便地设置用户的访问权限,只需为某个角色选择设置可以访问或拒绝访问的文件夹即可,或者为某个用户设置选项。

下面创建本项目所用到的用户访问权限,即属于 Administrators 角色的用户可以访问除 User 文件夹下内容的所有网页,属于 Users 角色的用户可以访问除 Admin 文件夹下内容的所有网页;另外还要为匿名用户设置访问权限,即可以访问除 Admin 和 User 文件夹下内容的所有网页。设置完毕之后会在相应的文件夹下自动生成一个名为 web.config 的文件。在 Admin 文件夹内的 web.config 的内容代码如下:

```
<?XML version="1.0" encoding="utf-8"?>
<configuration
XMLns="HTTP://schemas.microsoft.com/.NETConfiguration/v2.0">
    <system.Web>
        <authorization>
            <deny roles="Users" />
            <deny roles="Guest" />
            <deny users="?" />
        </authorization>
    </system.Web>
```

```
</configuration>
```

在 User 文件夹内的 web.config 的内容代码如下：

```
<?XML version="1.0" encoding="utf-8"?>
<configuration XMLns="HTTP://schemas.microsoft.com/.NETConfiguration/v2.0">
      <system.Web>
          <authorization>
              <deny roles="Administrators" />
              <deny users="?" />
          </authorization>
      </system.Web>
</configuration>
```

10.4　代码中成员资格信息使用

通过前面的操作，实现了依赖文件夹配置图书借阅者和图书管理员的角色权根，但是在进入图书借阅者操作页面时，如何确定当前用户的身份？如何呈现正确的个人基本信息和借阅信息？

可以使用 ASP.NET 成员管理部分的对象来取得目前登录用户的用户信息和角色信息，这里分别介绍一下成员资格管理中两个重要的类：Membership 和 Roles。

（1）Membership：用于验证用户凭据并管理用户设置，Membership 通过 Membership 提供程序实现用户信息和数据源的交互；在登录注销方面，Membership 可以独自使用，或者与 FormsAuthentication 一起构建完整的用户身份验证系统。

（2）Roles：用于成员资格管理中角色管理功能类，Roles 也是通过 role 提供程序实现角色信息和数据源的交互，可以通过 Roles 类将用户信息添加到角色中。

在开发中使用 Membership.GetUser().ProviderUserKey 属性可以取到当前登录用户的用户标识符即 userID。

ASP.NET 实现了基于 SQL Server 的成员资格提供程序（SqlMembership Provider 和 SqlRoleProvider），同时也提供了自定义成员资格提供程序扩展的接口，例如，数据存储在其他类型数据库中，或者需要使用现有的用户、权限和角色管理体系等情况，都可以通过实现自定义成员资格提供程序的方式来实现。

开发者可以通过自定义配置提供程序的方式来实现应用的扩展，它们统一的模式如下：

（1）实现抽象的***Provider 类。

（2）在 web.config 中将该类定义为某个功能的默认处理方法。

（3）在 ASP.NET 程序运行中自动使用定义的默认类处理相关功能。

这些扩展主要包含以下内容。

（1）成员资格管理提供程序（MembershipProvider）；

（2）角色管理提供程序（RoleProvider）；

（3）网站导航提供程序（SiteMapProvider）；

（4）自定义配置提供程序（ProfileProvider）。

本书没有介绍以上几种程序的应用开发，但是在现实开发中的很多情况下，需要开发者扩展相应的提供程序来实现对开发环境的支持，MSDN 中有实现扩展的实例，读者可以在说明和实例的帮助下学习这方面的应用。

10.5　第一个项目总结

1．快速开发的实现

不知不觉，图书管理系统已经开发完毕，从第 6 章到第 10 章，仅用百余行代码就实现了整个图书管理系统的开发，让人禁不住感叹 Visual Studio 2005 支持 Web 项目开发的功能之强大，"真正的程序员用 C++，聪明的程序员用 Delphi"这是很早流行的一句话；在 Web 开发方面却应改为"真正的程序员用 Java，聪明的程序员用.NET"了。类似于 Windows 应用程序时代的 Delphi（.NET 的系统总架构师也就是原 Delphi 的总架构师），ASP.NET 2.0 提供了强大的控件和基本模块的支持，像图书管理系统这样功能比较简单的系统，开发人员仅仅需要掌握控件和模块的使用技巧，然后采用"拖曳+配置"的方式就可以完成项目的开发。

了解控件及其适合的问题领域，在第一个项目中花费时间最多。作为初学者，读者应该在第一个项目开发完成后，整理自己的思路，看看自己对 ASP.NET 提供的基本控件的掌握程度如何，如果还没有熟练掌握的话，需要再练习一遍图书管理系统的开发过程；如果觉得掌握得比较好，那么建议读者找个合适的 Web 项目开发一下，看看能不能轻松实现。作为初学者，编程思想的培养其实比了解开发工具和语言更重要，如果读者确实还是不知如何下手开发，那么可以给我们发邮件，相信通过网络中的交流，可以帮助大家轻松进入编程世界。

软件开发实际是将传统中的问题域转变为计算机中的问题域，然后用开发的方式解决。问题域除了界面功能和呈现外还需要系统基本功能的支持，如传统的图书管理中没有管理员操作导航和权限限制等。这些都是岗位职责和日常行为规范中的内容，也就是在各个操作人员头脑中的，但在计算机应用开发的时候，就需要把它们独立出来，开发成系统的基础模块。在图书管理系统中，通过导航和权限管理，畅通并约束了用户的行为，这样就无须给各类用户解释他们可以做什么、怎么做了。

有一点需提醒读者，图书管理系统中的逻辑开发和真正企业开发的次序不一样，正常的开发次序是首先确定权限管理和导航等基本框架后才进行详细功能的开发，这里站在初学者的角度上思考问题，把开发的次序按照问题逐步解决的次序来排列，这样比较方便读者能够由浅到深地学习。在开发新的开发项目时应用正常的开发次序来进行开发，否则，项目需要变更的次数会增加很多。

2．Web 开发的主要步骤分析

通过第 2 部分这 5 章的分析开发实现了图书管理系统，仿佛有个固定的开发模式在影响并指引着开发进程，这就是 Web 开发的主要步骤，下面总结一下 Web 开发的主要步骤。具体如下：

（1）传统业务分析：主要分析传统业务中的参与者，事件流程以及产生的单据凭证，通过传统的业务分析，找到准确的传统问题域。

（2）系统实现分析：主要针对传统的问题域来分析计算机开发的问题域，找出系统开发的边界，整理系统的流程和人员角色的参与，站在系统开发的角度上审视传统问题域，找到新的需求。

（3）系统实现细化分析：针对分析的问题域，分析系统的解决域，从逻辑、数据存储两方面分析，最终实现系统界面概要设计、系统逻辑概要设计和系统数据库结构概要设计。

（4）基本功能开发：在系统细化的基础上进行界面和逻辑的基本功能开发，首先实现基础框架的开发，然后在基础框架的基础上实现设计的功能。

10.6　小结

本章实现了图书管理系统中关于用户管理、登录和执行权限验证等功能，类似于前面的章节，在强大的 ASP.NET 功能支持下，通过简单的配置实现了目标功能。将原有需要单独处理的应用模块抽象为统一的、标准的系统集成模块，是 ASP.NET 2.0 的一大特色，并且还通过提供自定义开发的方式提供对未知领域的支持，更使得这些基本模块被开发者大量应用。

P A R T

第三部分　图书管理标准项目开发

第 11 章　侧重开发的项目起步

第 12 章　数据访问层的实现

第 13 章　业务逻辑的实现

第 14 章　界面层的实现

第 15 章　项目增强功能拓展

第 11 章　侧重开发的项目起步

本章是图书管理标准项目的开始章节，主要讲述了侧重开发的项目的开发意义和基本架构，了解本章的内容有助于读者更好地学习项目开发。

11.1　新项目的意义

在前面的章节中，已经完成了图书管理系统项目。但从架构的角度来看，当项目足够大，足够复杂时，已完成的项目中的缺点就会暴露出来。

对于一个系统逻辑比较复杂的大项目来说，前面这个项目中将页面直接绑定到数据库的做法会碰到很多问题，具体如下：

（1）系统不便于维护，在数据绑定控件中到处都散布着查询语句。

（2）系统的业务逻辑不清晰，有些业务逻辑实现在页面中，有些实现在存储过程中。

（3）用于处理类似业务逻辑的代码散布在系统中，会产生很多冗余代码。

（4）系统的界面实现与数据库的实现的耦合度太高，如数据库的调整有可能会引起界面的大幅度调整，再如将系统迁移到其他的数据库时，系统需要做大幅调整，甚至相当于重写一遍。

通常在处理复杂的系统时，一种比较有效的方法就是分层。例如，网络中的七层协议，就是合理利用分层技术的范例。当然也可以使用这种分层技术来划分软件系统。当把系统划分为多个层次时可以解决前面所提到的几个问题，其具有如下优点。

（1）系统的层次变得更加清晰，数据访问、业务逻辑及界面呈现的代码有清晰的划分，系统的可维护性增强。

（2）有专门的系统层次负责处理系统的业务逻辑，业务逻辑的维护更加方便。同时将数据层中的面向关系的数据按照面向对象的方式进行表达。

（3）层次之间的依赖性及耦合度降低，如界面的实现可以不依赖于具体的数据库的选择及实现。

（4）总之，通过分层，可以使得系统易于维护、重用及扩展，同时也便于系统开发的分工，提高系统的开发效率，同时还可以结合多方面的人才，只需少数人对系统全面了解，从一定程度上降低了开发的难度。

从本章开始，将带领读者把前面的项目按照企业及开发中的多层架构重新开发，帮助读者了解在按照这种架构进行开发时涉及到的诸多问题，例如，层次的划分、各层次的职责、各层次的具体实现等。

11.2　项目层次的划分

通常，软件系统可被划分为表现层、业务逻辑层、数据访问层几个层次。

1．表现层

表现层（也可称为界面层）主要用于界面呈现，显示信息及其格式化、处理用户的输入（通常通过键盘及鼠标）。这里的界面既可以是基于 Windows 的桌面系统的界面，也可以是基于 HTML 的浏览器界面。表现层从业务逻辑层获取数据，并将与用户数据进行交互获取的数据提交到业务逻辑层。

2．业务逻辑层

业务逻辑层主要用于从数据访问层提取数据，并按照更加自然易用的方式进行表达，同时它还负责系统的核心业务逻辑的处理。例如，根据用户提交的数据进行其他的计算、对用户提交的数据进行合法性的验证、根据用户的操作调用数据访问层中相关的方法等。

3．数据访问层

数据访问层主要用于数据库相关的处理，从数据库中查询数据，向数据库提交数据等。当然在一些复杂的系统中，所操作的数据源除了数据库外，还可能是其他的数据源，如消息队列、XML 文件等。

实际上，如果将数据库称为数据层的话，整个系统可被认为有 4 个层次，为表现层、业务逻辑层、数据访问层、数据层。

当把这些层次的划分想象成为从上到下的垂直的层次结构时，各层次的依赖关系通常是由上到下的，即数据访问层依赖于数据层、业务逻辑层依赖于数据访问层、表现层依赖于业务逻辑层；而且这种依赖关系通常是单向的，如数据访问层可以对业务逻辑层的具体实现一无所知；同时这种依赖关系通常是不跨层次的，如业务逻辑层对表现层屏蔽了数据访问层的实现细节。当然这种处理方式也并不是绝对的，有时界面层也可以直接访问数据访问层中的方法。

11.3 创建新项目的解决方案

前面所讨论的系统层次的划分通常指的是一种逻辑上的划分，而不是物理上的划分。表现层、业务逻辑层、数据访问层可以被部署到不同的机器上，也可以被部署到同一台机器上。不同的部署方式并不影响层次划分的本质。

随着系统的复杂程度及规模的变化，层次划分的方式也可以不同，既可以将不同的层次划分到不同的程序集中，也可以将不同的层次划分到不同的类中，甚至可以将不同的层次划分到不同的方法中。这些划分在本质的思想上是一致的。

在将要开发的侧重代码开发的图书管理项目中，将不同的层次组织到不同的程序集中，同时使用不同的命名空间进行划分。下面就着手创建新项目的解决方案。

要创建的解决方案将要包含以下几个项目。

（1）DAL 项目：包含与数据访问层相关的类。

（2）BLL 项目：包含与业务逻辑层相关的类。

（3）Model 项目：包含了业务实体类型，用于表达在各层之间传递的数据。

（4）Web 项目：Web 站点项目，包含页面、配置文件、主题等，是系统的表示层。

1. 创建 DAL 项目

在 Visual Studio .NET 2005 中选择"新建项目"，在项目模板中选择"类库"，如图 11-1 所示，指定项目的名称为 DAL，同时，因为这是解决方案中的第一个项目，所以，可同时创建解决方案，并指定解决方案的名称。勾选"创建解决方案目录"，可单独创建目录。单击"确定"按钮后，会在指定的位置中创建与解决方案名称相同的子目录，此目录中会包含解决方案文件，同时还会在此目录中创建与项目名称相同的子目录，项目相关的文件包含在这个目录中。

2. 创建 BLL 项目

创建完解决方案及 DAL 项目后，接着继续创建 BLL 项目。在创建的解决方案中添加新项目，如图 11-2 所示，指定项目的名称，单击"确定"按钮后，会在解决方案的目录中新建一个子目录 BLL，BLL 的项目文件及类文件等将会被创建到此目录中。

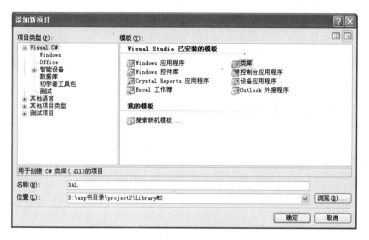

图 11-1　创建类库类型项目 DAL 层

图 11-2　创建类库类型项目 BLL 层

同时，由于 BLL 项目依赖于 DAL 项目，即 BLL 项目中的类要调用 DAL 项目中的类定义的方法，所以要在 BLL 项目中添加对 DAL 项目的引用。在解决方案资源管理器中，选择 BLL 项目，单击鼠标右键，在弹出的菜单中选择"添加引用"，打开"添加引用"对话框。如图 11-3 所示，选择"项目"选项卡，并选择 DAL 项目，单击"确定"按钮后，就会在 BLL 项目中添加对 DAL 项目的引用。

3．创建 Model 项目

如图 11-4 所示，可采取相同的方法创建 Model 项目。

图 11-3　引用 DAL 层

图 11-4　创建类库类型项目 Model 层

同时，由于 DAL 项目及 BLL 项目均要使用在 Model 项目中定义的业务实体类，所以需要在 DAL 项目及 BLL 项目中添加对 Model 项目的引用。如图 11-5、图 11-6 所示，添加引用的方法与前面在 BLL 项目中添加对 DAL 项目的引用的方式相同。

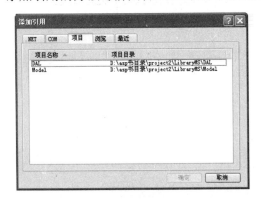

图 11-5　引用 Model 层（1）

图 11-6　引用 Model 层（2）

4．创建 Web 项目

最后，创建解决方案中的最后一个项目——Web 站点项目。在解决方案中添加新网站，如图 11-7 所示，添加一个文件系统网站，并设定好网站的路径，单击"确定"按钮后，即完成 Web 站点项目的创建。

Web 站点项目是系统的表现层，前面分析过，表现层依赖于业务逻辑层，即 Web 站点项目会使用 BLL 项目中定义的类及方法。所以需要在 Web 站点项目中添加对 BLL 项目的引用。如图 11-8 所示，通过在 Web 站点项目节点上单击右键并选择执行"添加引用"命令来打开"添加引用"对话框。单击"确定"按钮后，即在 Web 站点项目中添加了对 BLL 项目的引用。

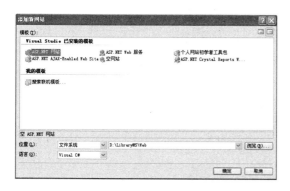

图 11-7 创建网站项目

图 11-8 网站项目引用其他层

选择 Web 站点项目，单击鼠标右键，执行"属性页"命令，打开"网站属性页"对话框来查看添加上的引用，如图 11-9 所示。

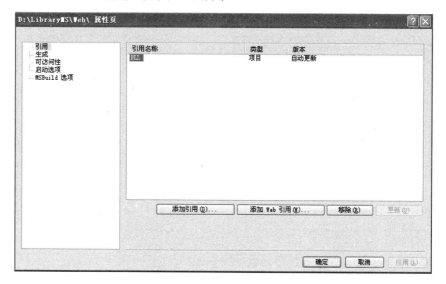

图 11-9 引用的属性浏览

前面详细讲解了系统的解决方案及项目的创建，这种将不同层次创建到独立的程序集的方式比较适合规模较大的项目。对于一些中小规模的项目，也可以只使用一个项目来包含不同的层次。在 ASP.NET 2.0 中提供了一个新的特性——App_Code 目录，在 App_Code 目录或其子目录中的代码可以在运行时自动编译，并可被应用程序的其他部分引用或使用。所以，对中小规模的项目，也可将数据访问层和业务逻辑层等的代码创建到 App_Code 中的不同子目录中，并使用不同的命名空间进行划分。

11.4　三层架构详解

在前面的章节中，从总体上划分了系统的层次，并且建立了整个系统的解决方案及项目的基本结构。后续的章节会详细讲解各层的实现过程，在此之前，这一节将首先从总体上来阐述一下各个层次的职责及其实现。

如图 11-10 所示，其展示了各层次及项目的基本结构及关系。

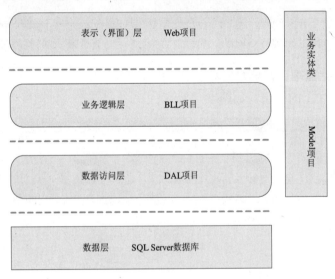

图 11-10　系统基本架构示意

11.4.1　数据层

前面讲过数据层的主要功能是实现系统数据的持久化。可供选择的数据存储方式有很多，如 XML 文件、Access 数据库、SQL Server、Oracle、MySQL、DB2 等。在某些情况下，数据层的选择比较简单且直接。通常使用的数据存储方式为关系型数据库，在该项目中，由于使用 ASP.NET 技术进行开发，所以 SQL Server 数据库是数据层顺理成章的选择。

但是在其他一些项目的开发中，数据层的选择需要考虑的因素就会较多。如需要考虑与客户已有的数据库系统的兼容，需要考虑同时支持多种不同的数据存储方式等。例如，如果客户已经有了一套 Oracle 数据库，一般情况下就不会再投资购买新的数据库系统了。或者，正在开发的系统是一套软件产品，其面向的潜在客户有可能使用 SQL Server 数据库，也有可能使用 Oracle 数据库，所以在系统开发时就需要考虑同时支持多种数据库，当然在这种情况下，系统的结构及其实现都会变得更加复杂。

在该项目中，数据层选择的数据存储方式为 SQL Server 数据库，数据层是由数据库中的表及视图来构成的。

将要实现的第二个项目的业务功能及相应的数据库设计与第一个项目是相同的，读者可以参阅前面的章节来了解数据库详细设计。

11.4.2 数据访问层

数据访问层负责从数据存储中查询及提取数据，同时负责将数据的改变更新至数据存储中。在图书管理系统中，数据访问层负责所有与数据库相关的操作的实现，如查询语句、对存储过程的操作等。数据访问层使得用户界面的操作与数据库相关的操作能够实现很好的分离。通过这种分离有如下优点。

（1）便于项目组成员的工作划分，可以让对数据库比较熟悉的项目组成员负责数据访问层的实现，让对 ASP.NET 及 Web 页面开发比较熟悉的项目组成员负责用户界面相关的开发。

（2）便于系统的重构及代码结构的优化，因为功能不同的界面所对应的数据访问操作却往往是相同的，将这些数据访问操作放在单独的数据访问层中比较便于写出通用的代码。

（3）将数据访问相关的代码从页面及数据绑定控件中分离出来可大大提高系统的可维护性。

在项目中，数据访问层包括各功能与数据访问相关的类，如与图书类别、图书信息、图书借阅记录等功能的数据访问相关的类。同时还包括实现数据访问的辅助类，辅助类中实现了各种业务的数据访问类所要共同使用的一些数据访问方法的实现。第 12 章会对这些类进行详细讲解。

要实现数据库的访问功能就需要采用某种数据库访问技术，在不同的开发平台上，所采取的数据库访问技术是不同的，如在 Java 平台上基础的数据库访问技术是 JDBC；而在微软的平台上数据库访问技术也经历了多种不同的技术的变迁，从 ODBC 到 DAO，再到 ADO；而现在在.NET 平台上所使用的数据访问技术则为 ADO.NET。

数据库访问层就是采用了 ADO.NET 所提供的诸多对象实现了各种数据库的操作，例如，连接数据库的 Connection 对象、执行数据库命令的 Command 对象、返回查询结果的 DataReader 对象、提供数据离线访问的 Dataset 及 DataTable 对象等。

11.4.3 实体层

在本章论述的这样一个分层系统中，有一个问题是必须要解决的，即数据在各层次之间传输的方式，例如，业务逻辑层调用数据访问层的方法查询数据，最终的查询结果以何种方式返回到业务逻辑层。通常比较流行的数据传输方式有使用 DataSet 和 DataTable 对象两种，或者使用业务实体类对数据进行封装并返回。

如果使用 DataSet 或 DataTable 在数据访问层及业务逻辑层之间进行数据传输，就需要在业务逻辑层中操作 ADO.NET 相关的对象及方法。如果使用业务实体对象进行数据传输，则使用类及其字段及属性来表示数据库表中的数据，使用业务实体对象的集合来返回数据，在系统中采用面向对象的方式来访问数据。下面简单比较一下两种实现方式。

使用 DataSet 进行数据传输主要有如下缺点。

如果使用通用的 DataSet 和 DataTable，一个最大的问题就是在使用的过程中很容易误写所涉及的表和字段的名称，而且类似这样的输入错误在系统进行编译的时候并不能被检查出来，只有在运行的时候才会报错。

除了很容易混淆涉及的名称外，由于读取数据时需要做一些强制类型转换，所以对返回的数据类型也很容易混淆。

当然可以使用 Visual Studio 提供的类型化的 DataSet 来避免上述的问题，但即便如此，使用 DataSet 还会碰到其他一些问题。例如性能问题，在使用 DataSet 来返回及操作数据时，往往返回的数据会超出实际需要，所以可能会带来性能问题。

使用业务实体对象则是按照面向对象的方式对返回的数据进行封装，因此不存在上述的名称及类型的问题。同时在进行数据访问的时候，使用业务实体对象可以提供更加自然的方式，因为代码访问的都是类型中的属性。当然这样的封装及转换所涉及的代码开发量要比简单地使用 DataSet 大一些，但相对于所获取的好处来说，这种付出还是值得的。

在示例项目中，结合使用了这两种方式。读者正好可借此来看一下不同的实现方式涉及的代码实现。而 Model 项目则包含了系统中使用的业务实体类的定义，例如，表示图书分类的 BookCategoryModel 类，表示图书的 BookModel 类等。本书将在第 12 章中结合数据访问层来介绍这些业务实体对象的实现。

11.4.4 业务逻辑层

因为有了业务逻辑层，表现层中的数据绑定控件通过业务逻辑层来操作数据，使得表现层可以集中做数据呈现的处理，对数据的管理由业务逻辑层通过数据访问层来实现。

业务逻辑层在通过数据访问层提取及处理数据时，可以加上一些其他的处理，例如，相应的业务逻辑的判断以及计算字段等处理，或者根据不同的情形来决定显示或隐藏某些数据。

有了业务逻辑层的实现，界面层在实现功能时对数据的处理就会变得更加简单和自然，示例代码如下：

```
BookCategoryBLL bll = new BookCategoryBLL();
BookCategoryModel model = bll.GetModel(BookCategoryID);
txtName.Text = model.CategoryNm;
```

业务逻辑层包含了与各功能业务逻辑相关类型，如实现图书相关的业务逻辑的 BookBLL 类，实现图书借阅相关的业务逻辑的 BookBorrowBLL 类等。本书将在第 13 章详细讲解业务逻辑层。

11.4.5　表示层

有了数据访问层及业务逻辑层作为基础，表示层就可以集中处理用户界面呈现。关于数据绑定控件以及 ASP.NET 2.0 提供的许多界面新特性，如母版页及站点导航等，已经结合着第一个项目进行了详细的讲解。在第二个项目中，表示层开发会简单很多，关于表示层开发，将在第 14 章详细讲解。

11.5　小结

本章提出了按照分层的架构进行系统开发的思想，创建了三层架构的解决方案及项目的基本结构，阐述了层次的划分及功能分工。从第 12 章起，将针对每一个层次的实现进行具体阐述。

第 12 章　数据访问层的实现

本章将主要讲述侧重开发的第二个项目的数据访问层的几个实现案例，并在最后介绍一个实现快速开发的工具。

正如上一章所述，系统中的数据访问层是实现与 SQL Server 数据库中的数据存储进行交互的功能，例如，从数据库中提取数据，并通过业务逻辑层展现到用户界面上，以及将用户提交的数据更新到数据库中。

本章将首先描述一下项目所使用的数据库模型的情况，然后介绍一下所有数据访问项目共同使用的数据访问辅助类的实现。最后介绍几个核心业务功能的数据访问类及业务实体类的实现。

12.1　数据访问操作辅助类

数据访问层是通过 ADO.NET 中相关的类及方法实现与数据库交互的，而 ADO.NET 相关类及方法的使用模式基本上是相似的，因此不同的业务功能所对应的数据访问功能的实现通常比较相似。例如，使用 SQL Server 数据库，主要就是使用 SqlConnection，SqlCommand，SqlDataAdapter，DataSet 等类的相应的方法，调用的过程也很相似，只是不同的业务所使用的方法、调用的参数不同。因此，在项目中专门实现了一个类 DBExec，用于将这些类似的操作抽象为通用的方法调用。这样一方面可以提高代码的复用程度，另一方面也可以提高开发效率，同时还提高了系统的可维护性。

类 DBExec 包含在 DAL 项目的文件 DBExec.cs 中。在这个类中，实现了多个用于数据访问的辅助方法供其他的数据访问层的类调用。该类开始部分的代码如下：

```
public class DBExec
{
```

```
        private SqlConnection connection = null;
        private SqlTransaction transaction = null;
        public SqlConnection Connection
        {
            get
            {
                return connection;
            }
            set
            {
                connection = value;
            }
        }
        public SqlTransaction Transaction
        {
            get
            {
                return transaction;
            }
            set
            {
                transaction = value;
            }
        }
        public DBExec()
        {

        }
        public DBExec(SqlConnection connection, SqlTransaction transaction)
        {
            this.connection = connection;
            this.transaction = transaction;
        }
        ……
    }
```

　　通过这段代码可以看出，类中声明的两个字段及属性用于保存后面的方法要用到数据库连接对象及事务对象。两个对象的实例则是通过构造函数传入类中的。

　　类中后续的代码则包含了这些通用方法的代码的实现，下面将每个方法的作用及其实现简单介绍一下。

1. GetSingleRow 方法

首先，看第一种方法 GetSingleRow 的代码，如下：

```
public DataRow GetSingleRow(string strSQL, SqlTransaction transaction, params
SqlParameter[] parameters)
{
    try
    {

        SqlDataAdapter adapter = new SqlDataAdapter(strSQL, connection);
        adapter.SelectCommand.Parameters.AddRange(parameters);
        if (transaction != null)
        {
            adapter.SelectCommand.Transaction = transaction;
        }
        else
        {
            if (this.transaction != null)
            {
                adapter.SelectCommand.Transaction = this.transaction;
            }
        }
        DataSet dataSet = new DataSet();
        adapter.Fill(dataSet);
        if (dataSet.Tables.Count > 0)
        {
            if (dataSet.Tables[0].Rows.Count > 0)
            {
                return dataSet.Tables[0].Rows[0];
            }
        }
        return null;
    }
    catch (Exception ex)
    {
        throw ex;
    }
}
```

方法 GetSingleRow 主要用于查询并返回一条特定的记录。查询出的记录以 DataRow 类返回。方法共包含三个参数，第一个参数用于传递查询所使用的 SQL 语句，因为要查询确定的一条记录，所以查询语句中包含了查询条件，查询条件使用参数的方式进行设定。例如查询图书分类的方法调用，代码如下：

```
SELECT * FROM bookCategory WHERE ID = @ID
```

方法的第二个参数用于传递方法调用过程中使用的事务对象。查询参数的定义及其取值包含在方法的第三个参数 parameters 中。本方法的实现思路是通过传递的查询语句以及类型中维护的数据库连接对象构造 SqlDataAdapter 的对象实例，并设定 SqlDataAdapter 对象的 SelectCommand 的参数，然后通过 SqlDataAdapter 的 Fill 方法返回查询结果并填充到数据集中，并将数据集中的第一个数据表中的第一条记录（也就是需要的记录）返回。

2. Exists 方法

再来看另外一个方法 Exists，Exists 方法用于判断符合某个条件的记录是否存在，DBExec 类中包含了 Exists 方法的两个重载，代码如下：

```
public bool Exists(string strSQL, SqlTransaction transaction,params
SqlParameter[] parameters)
    {
        using (SqlCommand command = new SqlCommand())
        {
            if (transaction != null)
            {
                command.Transaction = transaction;
            }
            else
            {
                if (this.transaction != null)
                {
                    command.Transaction = this.transaction;
                }
            }
            command.Connection = connection;
            command.CommandText = strSQL;
            try
            {
                command.Parameters.AddRange(parameters);
                if(Convert.ToInt32(command.ExecuteScalar()) > 0)
                {
                    return true;
```

```
            }
            return false;
        }
        catch (Exception ex)
        {
            throw ex;
        }
    }
}

public bool Exists(string strSQL, SqlTransaction transaction)
{
    using (SqlCommand command = new SqlCommand())
    {
        if (transaction != null)
        {
            command.Transaction = transaction;
        }
        else
        {
            if (this.transaction != null)
            {
                command.Transaction = this.transaction;
            }
        }
        command.Connection = connection;
        command.CommandText = strSQL;
        try
        {
            if (Convert.ToInt32(command.ExecuteScalar()) > 0)
            {
                return true;
            }
            return false;
        }
        catch (Exception ex)
        {
            throw ex;
        }
    }
}
```

通过上面的代码可以看出，方法两个重载的差别在于所传递的参数不同，第一个重载通过传递 SqlCommand 所需的查询命令及参数来进行调用；第二个重载则只传递了查询命令，所需的查询条件直接在命令中明确设定了。两个重载对记录是否存在的判断都是通过调用 SqlCommand 的 ExecuteScalar 来实现的，以图书类别的业务为例，所传入的查询语句类似于如下代码。

```
SELECT COUNT(1) FROM bookCategory WHERE ID = @ID （或其他条件）
```

因此通过判断 ExecuteScalar 方法的返回值是否大于零即可判断是否有符合条件的记录存在。

再来看一下另外两个方法 ExecuteSql 及 ExecuteAddSql，其源代码如下：

```
public int ExecuteSql(string strSQL, SqlTransaction transaction, params
SqlParameter[] parameters)
    {
            using (SqlCommand command = new SqlCommand())
            {
                if (transaction != null)
                {
                    command.Transaction = transaction;
                }
                else
                {
                    if (this.transaction != null)
                    {
                        command.Transaction = this.transaction;
                    }
                }
                command.Connection = connection;
                command.CommandText = strSQL;
                try
                {
                    command.Parameters.AddRange(parameters);
                    return command.ExecuteNonQuery();
                }
                catch (Exception ex)
                {
                    throw ex;
                }
            }
    }
```

```
    public int ExecuteAddSql(string strSQL, SqlTransaction transaction, params
SqlParameter[] parameters)
        {
            using (SqlCommand command = new SqlCommand())
            {
                if (transaction != null)
                {
                    command.Transaction = transaction;
                }
                else
                {
                    if (this.transaction != null)
                    {
                        command.Transaction = this.transaction;
                    }
                }
                command.Connection = connection;
                command.CommandText = strSQL;
                try
                {
                    command.Parameters.AddRange(parameters);
                    return Convert.ToInt32(command.ExecuteScalar());
                }
                catch (Exception ex)
                {
                    throw ex;
                }
            }
        }
```

ExecuteSql 方法用于辅助数据访问层中的其他类型实现更新和删除的操作。例如，在图书类别的数据访问类 BookCategoryDAL 中，用于数据更新和删除的方法 UpdateRow 及 DeleteRow 均是通过调用 ExecuteSql 方法来实现的。下一节将详细介绍 BookCategoryDAL 的实现。

ExecuteAddSql 方法用于辅助数据访问层中的其他类实现插入的操作。例如，在图书类别的数据访问类 BookCategoryDAL 中，用于数据插入的方法 AddRow 是通过调用 ExecuteSql 方法来实现的。

ExecuteSql 方法和 ExecuteAddSql 方法的实现方式类似，均是通过设置 SqlCommand

的命令文本及命令参数来设置所要执行的 SQL 命令，所不同的是，ExecuteSql 方法通过调用 ExecuteNonQuery 方法来执行 SQL 命令，并返回更新或删除操作中受影响的行数；而 ExecuteAddSql 方法则通过 ExecuteScalar 方法来执行 SQL 命令，并返回所插入记录的 ID 号。例如，在 BookCategoryDAL 调用 ExecuteAddSql 插入记录时，所传入的参数 strSQL 如下：

```
INSERT INTO bookCategory(categoryNm) VALUES(@categoryNm);SELECT @@IDENTITY
```

其中，@@IDENTITY 是 SQL Server 中用于返回最后插入的标识值的系统函数，之所以要这样进行处理，是因为表中的字段 ID 被设为了自增长列，当在表中插入新记录时，由数据库负责生成此字段的值，@@IDENTITY 则用于返回所生成的 ID 值。

3. GetCount、Query、QueryDs 方法

下面再来看三个与查询相关的方法，即 GetCount, Query, QueryDs，相应的源代码如下：

```csharp
public int GetCount(string strSQL, SqlTransaction transaction, params
SqlParameter[] parameters)
{
    try
    {

        SqlDataAdapter adapter = new SqlDataAdapter(strSQL, connection);
        if (transaction != null)
        {
            adapter.SelectCommand.Transaction = transaction;
        }
        else
        {
            if (this.transaction != null)
            {
                adapter.SelectCommand.Transaction = this.transaction;
            }
        }
        DataSet dataSet = new DataSet();
        adapter.Fill(dataSet);
        if (dataSet.Tables.Count > 0)
        {
            if (dataSet.Tables[0].Rows.Count > 0)
            {
                return dataSet.Tables[0].Rows.Count;
            }
```

```
            }
            return 0;
        }
        catch (Exception ex)
        {
            throw ex;
        }
    }

    public DataTable Query(string strSQL, SqlTransaction transaction, string
strTab)
    {
        try
        {

            SqlDataAdapter adapter = new SqlDataAdapter(strSQL, connection);
            if (transaction != null)
            {
                adapter.SelectCommand.Transaction = transaction;
            }
            else
            {
                if (this.transaction != null)
                {
                    adapter.SelectCommand.Transaction = this.transaction;
                }
            }
            DataSet dataSet = new DataSet();
            adapter.Fill(dataSet, strTab);
            return dataSet.Tables[strTab];
        }
        catch (Exception ex)
        {
            throw ex;
        }
    }

    public DataSet QueryDs(string strSQL, SqlTransaction transaction, string
strTab)
    try
    {
```

```
SqlDataAdapter adapter = new SqlDataAdapter(strSQL, connection);
if (transaction != null)
{
    adapter.SelectCommand.Transaction = transaction;
}
else
{
    if (this.transaction != null)
    {
        adapter.SelectCommand.Transaction = this.transaction;
    }
}
DataSet dataSet = new DataSet();
adapter.Fill(dataSet, strTab);
return dataSet;
}
catch (Exception ex)
{
    throw ex;
}
}
```

　　其中，GetCount 方法用于返回符合给定查询条件的记录的个数。Query 及 QueryDs 方法均用于返回符合给定条件的数据集合，两个方法的参数及实现方式是一样的，所不同的是 Query 方法的返回类型为 DataTable ，而 QueryDs 方法的返回类型为 DataSet。这里以 Query 方法为例看一下此功能的实现，该方法的三个参数分别代表用于获取数据集的查询条件、事务对象、所返回的数据表的名称；通过对 SqlDataAdapter 对象的 Fill 方法的调用实现数据集的填充，同时指定数据表的名称。

　　本节已经对类 DBExec 所包含的数据访问辅助方法做了介绍，下一节将在此基础上观察几个主要业务的数据访问层的实现。

12.2　图书类别的数据层实现

12.2.1　数据对象转换项目——Model

　　在上一章中曾经分析过，在多层架构中，数据访问层与业务逻辑层之间，以及业务逻辑层与表现层之间进行数据传输时，可采用业务实体对象来实现。系统中的业务实体对象在 Model 项目中定义。这些业务实体类型主要用于按照面向对象的方式表示数据库中的持久化数据。业务实体类可根据要表达的数据创建字段及相关的属性。在大部分的情况下，字段的创建可根据数据库表中的字段来确定，在一些业务较复杂的情况下，业务实体类中可能还会包含一些其他信息。

用于表达图书类别的业务实体类 BookCategoryModel 在文件 BookCategoryModel.cs 中定义，源代码如下：

```
public class BookCategoryModel
{
    private int _ID = 0;
    private string _categoryNm = string.Empty;

    public int ID
    {
        get
        {
            return _ID;
        }
        set
        {
            _ID = value;
        }
    }
    public string CategoryNm
    {
        get
        {
            return _categoryNm;
        }
        set
        {
            _categoryNm = value;
        }
    }
}
```

12.2.2　数据访问实现项目

下面再介绍一下与图书类别相关的数据访问类 BookCategoryDAL（定义在文件 BookCategoryDAL.cs 中）的实现。与 DBExec 相似，BookCategoryDAL 的开始部分主要定义了与数据库连接对象及事务相关的字段及属性，代码如下：

```
public class BookCategoryDAL
{
        DBExec dbExec = new DBExec();
        public BookCategoryDAL()
        {
            dbExec.Connection = connection;
            dbExec.Transaction = transaction;
        }
        public BookCategoryDAL(SqlConnection connection)
        {
            dbExec.Connection = connection;
            dbExec.Transaction = transaction;
        }
        public  BookCategoryDAL(SqlConnection  connection,  SqlTransaction
transaction)
        {
            dbExec.Connection = connection;
            dbExec.Transaction = transaction;
        }
        private SqlTransaction transaction = null;
        private SqlConnection connection = null;
        public SqlConnection Connection
        {
            get
            {
                return connection;
            }
            set
            {
                connection = value;
            }
        }
        public SqlTransaction Transaction
        {
            get
            {
                return transaction;
            }
            set
            {
```

```
                transaction = value;
            }
        }
    ......
    }
```

　　上面代码中通过字段 dbExec 创建并维护了 DBExec 的实例，同时在 BookCategory
DAL 的构造函数中，设置了 dbExec 的 Connection 及 Transaction 属性。

　　下面的两个方法 Exists 及 ExistsWithParam 用于判断指定的图书分类是否存在，源
代码如下：

```
public bool Exists(int ID)
{
    BookCategoryModel model = new BookCategoryModel();
    StringBuilder strSQL = new StringBuilder();
    strSQL.Append("SELECT COUNT(1) FROM bookCategory ");
    strSQL.Append("WHERE ID = @ID");
    SqlParameter[] parameters = {
                new SqlParameter("@ID", SqlDbType.Int, 4)
                };
    parameters[0].Value = ID;

    return dbExec.Exists(strSQL.ToString(), transaction, parameters);
}

public bool ExistsWithParam(string strWhere)
{
    BookCategoryModel model = new BookCategoryModel();
    StringBuilder strSQL = new StringBuilder();
    strSQL.Append("SELECT COUNT(1) FROM bookCategory ");
    if (strWhere.Length > 0)
    {
        strSQL.Append(" WHERE " + strWhere);
    }
    return dbExec.Exists(strSQL.ToString(), transaction);
}
```

　　Exists 方法用于判断是否存在给定的 ID 对应的图书分类记录，ExistsWithParam 方
法用于判断是否存在与给定的查询条件对应的图书分类记录。通过代码可以看出，这两
个方法都是通过前面介绍过的 DBExec 类中的 Exists 方法的两个重载来实现的。

　　GetTable 方法用于获取符合给定条件的图书分类的数据集，并作为 DataTable 返回。

方法实现的代码如下：

```
public DataTable GetTable(params string[] strWhere)
{
    StringBuilder strSQL = new StringBuilder();
    strSQL.Append("SELECT * FROM bookCategory");
    if (strWhere.Length > 0)
    {
        strSQL.Append(" WHERE " + strWhere[0]);
    }
    return dbExec.Query(strSQL.ToString(), transaction, "bookCategory");
}
```

由此可见，GetTable 方法是通过调用 DBExec 类中的 Query 方法来实现的。

另外一个主要的查询方法为 GetSingleRow，方法的实现代码如下：

```
public DataRow GetSingleRow(int ID)
{
    BookCategoryModel model = new BookCategoryModel();
    StringBuilder strSQL = new StringBuilder();
    strSQL.Append("SELECT * FROM bookCategory");
    strSQL.Append(" WHERE ");
    strSQL.Append("ID = @ID");
    SqlParameter[] parameters = {
                new SqlParameter("@ID", SqlDbType.Int, 4)
            };
    parameters[0].Value = ID;

    return dbExec.GetSingleRow(strSQL.ToString(), transaction, parameters);
}
```

此方法接受指定的 ID，并获取与此 ID 对应的数据记录，此方法是通过调用 DBExec 类中的 GetSingleRow 方法来实现的。

在类 BookCategoryDAL 中另外两个用于查询数据的方法是 GetVTable 和 GetLastRow，方法的实现代码如下：

```
public DataTable GetVTable(params string[] strWhere)
{
    StringBuilder strSQL = new StringBuilder();
    strSQL.Append("SELECT * FROM vbookCategory");
    if (strWhere.Length > 0)
    {
```

```
                strSQL.Append(" WHERE " + strWhere[0]);
        }
        return dbExec.Query(strSQL.ToString(), transaction, "vbookCategory");
}


public DataRow GetLastRow()
{

    BookCategoryModel model = new BookCategoryModel();
    StringBuilder strSQL = new StringBuilder();
    strSQL.Append("SELECT * FROM bookCategory");
    strSQL.Append(" WHERE ");
    strSQL.Append("ID = ");
    strSQL.Append("(SELECT max(ID) FROM bookCategory)");
    return dbExec.GetSingleRow(strSQL.ToString(), transaction);

}
```

GetVTable 方法用于从图书类别对应的视图中查询数据，GetLastRow 通过获取图书类别表中最大的 ID 来查询表中的最后一条记录。

类 BookCategoryDAL 中其他的几个方法用于数据的新增、修改和删除等功能的实现，方法的实现代码如下：

```
public int AddRow(BookCategoryModel model)
{

    StringBuilder strSQL = new StringBuilder();
    strSQL.Append("INSERT INTO bookCategory(");
    strSQL.Append("categoryNm)");
    strSQL.Append("VALUES(");
    strSQL.Append("@categoryNm);SELECT @@IDENTITY");
    SqlParameter[] parameters = {
                new SqlParameter("@categoryNm", SqlDbType.NVarChar, 50)
    };
    parameters[0].Value = model.CategoryNm;

    return dbExec.ExecuteAddSql(strSQL.ToString(), transaction, parameters);
}

public void UpdateRow(BookCategoryModel model)
{
        StringBuilder strSQL = new StringBuilder();
        strSQL.Append("UPDATE bookCategory SET ");
        strSQL.Append("categoryNm = @categoryNm");
```

```
        strSQL.Append(" WHERE ");
        strSQL.Append("ID = @ID ");
        SqlParameter[] parameters = {
                new SqlParameter("@ID", SqlDbType.Int, 4),
                new SqlParameter("@categoryNm", SqlDbType.NVarChar, 50)
                };
        parameters[0].Value = model.ID;
        parameters[1].Value = model.CategoryNm;

        dbExec.ExecuteSql(strSQL.ToString(), transaction, parameters);
}


public void DeleteRow(BookCategoryModel model)
{
        StringBuilder strSQL = new StringBuilder();
        strSQL.Append("DELETE FROM bookCategory");
        strSQL.Append(" WHERE ");
        strSQL.Append("ID = @ID");
        SqlParameter[] parameters = {
                new SqlParameter("@ID", SqlDbType.Int, 4)
                };
        parameters[0].Value = model.ID;

        dbExec.ExecuteSql(strSQL.ToString(), transaction, parameters);
}

public void DeleteRow(int ID)
{
        StringBuilder strSQL = new StringBuilder();
        strSQL.Append("DELETE FROM bookCategory");
        strSQL.Append(" WHERE ");
        strSQL.Append("ID = @ID");
        SqlParameter[] parameters = {
                new SqlParameter("@ID", SqlDbType.Int, 4)
                };
        parameters[0].Value = ID;

        dbExec.ExecuteSql(strSQL.ToString(), transaction, parameters);
}
```

```
public void DeleteRowWithParam(string strWhere)
{
        BookCategoryModel model = new BookCategoryModel();
        StringBuilder strSQL = new StringBuilder();
        strSQL.Append("DELETE FROM bookCategory ");
        if (strWhere.Length > 0)
        {
            strSQL.Append(" WHERE " + strWhere);
        }
        dbExec.ExecuteSql(strSQL.ToString(), transaction);
}
```

AddRow 方法接受的参数是业务实体类 BookCategoryModel，并通过此实体类获取插入数据所需的图书分类的名称。方法通过调用 DBExec 中的 ExecuteAddSql 方法实现插入记录的功能。在前面讲解 ExecuteAddSql 方法实现时曾分析过，strSQL 中包含需要执行的 SQL 语句，语句包含两部分，代码如下：

```
INSERT INTO bookCategory(categoryNm) VALUES(@categoryNm);SELECT @@IDENTITY
```

@@IDENTITY 是为了获取并返回自动生成的 ID 字段的值。具体可参见 DBExec 部分的分析。

UpdateRow 方法用于更新数据，方法所需的数据同样通过业务实体类 BookCategoryModel 的实例来传递的。通过调用 DBExec 中的 ExecuteSql 方法实现更新的功能，所传递的 SQL 命令形式如下：

```
UPDATE bookCategory SET categoryNm = @categoryNm WHERE ID = @ID
```

DeleteRow 方法用于删除指定的单条图书分类记录，此方法有两个重载，两种方法所传递的参数不同，一个传递的是要删除的图书分类的 ID；另一个传递的是代表要删除的图书分类的业务实体类的实例，这样便于业务逻辑层的类型按照自己的需要进行调用。两种方法最终形成的 SQL 命令相同，如下：

```
DELETE FROM bookCategory WHERE ID = @ID
```

SQL 命令的执行也是通过调用 DBExec 中的 ExecuteSql 方法实现的。

DeleteRowWithParam 方法也用于删除图书分类的记录，与 DeleteRow 方法不同的是 DeleteRow 方法用于删除指定的单条记录，而 DeleteRowWithParam 方法用于删除符合指定条件的图书分类记录，条件要通过方法的参数传入，并设定到要执行的 SQL 命令中，代码如下：

```
DELETE FROM bookCategory WHERE + 传入的条件
```

该命令同样通过调用 DBExec 中的 ExecuteSql 方法来执行。

综上所述，BookCategoryDAL 中包含了与操作图书类别相关的各种数据访问方法，例如，获取数据集、获取单条记录、插入、更新、删除等。

12.3　图书信息的数据层实现

前面已经完整地分析了图书类别功能对应的数据访问功能的实现。图书类别代表了系统开发过程中经常遇到的一些简单的与基础业务数据相关的功能。当然，在系统开发过程中，除了这些与基础数据的维护相关的功能外，还需要处理一些更加复杂的业务功能，在处理这些功能的过程中，需要考虑更多的问题。下面结合图书信息功能的数据层的实现对相关的问题进行讲解。

12.3.1　数据对象转换项目——Model

在处理图书信息相关的功能的时候需要考虑如何处理图书类别的显示。在系统的数据库的设计中，图书类别定义在表 bookCategory 中，图书信息定义在表 book 中，在表 book 中通过字段 categoryID 保存图书类别信息。但是，如果在界面显示图书信息时直接显示 categoryID 代表图书类别的话，对用户来说就不太直观且界面不太友好。在该系统中，通过视图来解决这个问题，首先基于表 book 及 bookCategory 创建了视图 vBook，同时在数据访问层及业务逻辑层的实现中加入了支持 vBook 的类。

在 Model 项目中有两个类与图书信息有关，分别是类 BookModel（定义在 BookModel.cs 中）及类 VBookModel（定义在 vBookModel.cs 中）。BookModel 类与表 book 对应，是代表图书信息的业务实体类，其实现方式与前面讲过的 BookCategory Model 类似。BookModel 类的实现代码如下：

```
public class BookModel
{
    private int _ID = 0;
    private string _bookNm = string.Empty;
    private string _bookNo = string.Empty;
    private string _publisher = string.Empty;
    private string _author = string.Empty;
    private int _categoryID = 0;
    private DateTime _publishDate = DateTime.MinValue;
    private int _bookNumber = 0;
```

```
private string _bookDescription = string.Empty;
private DateTime _addDate = DateTime.MinValue;

public int ID
{
    get
    {
        return _ID;
    }
    set
    {
        _ID = value;
    }
}
public string BookNm
{
    get
    {
        return _bookNm;
    }
    set
    {
        _bookNm = value;
    }
}
public string BookNo
{
    get
    {
        return _bookNo;
    }
    set
    {
        _bookNo = value;
    }
}
public string Publisher
{
    get
    {
        return _publisher;
```

```
        }
        set
        {
            _publisher = value;
        }
    }
    public string Author
    {
        get
        {
            return _author;
        }
        set
        {
            _author = value;
        }
    }
    public int CategoryID
    {
        get
        {
            return _categoryID;
        }
        set
        {
            _categoryID = value;
        }
    }
    public DateTime PublishDate
    {
        get
        {
            return _publishDate;
        }
        set
        {
            _publishDate = value;
        }
    }
    public int BookNumber
    {
```

```
            get
            {
                return _bookNumber;
            }
            set
            {
                _bookNumber = value;
            }
        }
        public string BookDescription
        {
            get
            {
                return _bookDescription;
            }
            set
            {
                _bookDescription = value;
            }
        }
        public DateTime AddDate
        {
            get
            {
                return _addDate;
            }
            set
            {
                _addDate = value;
            }
        }
    }
```

VBookModel 则是与视图 vBook 对应的业务实体类，VBookModel 的代码实现与 BookModel 基本相同，只是多了图书分类名称相关的信息，代码如下：

```
public class VBookModel
    {
        ......
        private string _categoryNm = string.Empty;

        ......
```

```
        public string CategoryNm
        {
            get
            {
                return _categoryNm;
            }
            set
            {
                _categoryNm = value;
            }
        }
    }
```

VBookModel 完整的源代码请参看本书附带光盘中的项目源代码。

除了在 Model 项目中多了对视图进行支持的业务实体类外，图书信息相关的数据访问项目的实现也有与图书类别不同的地方，接下来讲解数据访问实现项目。

12.3.2　数据访问实现项目

与 Model 项目类似，在数据访问项目中，与图书信息相关的类也有两个，分别是 BookDAL（在 BookDAL.cs 中实现）以及 VBookDAL（在 VBookDAL.cs 中实现）。BookDAL 类与表 book 对应，而类 VBookDAL 则与视图 vBook 对应。

1. 类 BookDAL

类 BookDAL 的实现类似于图书分类对应数据访问类 BookCategoryDAL 的实现，同样包含了查询、新增、修改及删除等相关的操作，方法的实现方式也非常类似，差别仅在于所执行的 SQL 命令有所不同。例如，以 Exists 方法为例，方法的实现代码如下：

```
public bool Exists(int ID)
{
    BookModel model = new BookModel();
    StringBuilder strSQL = new StringBuilder();
    strSQL.Append("SELECT COUNT(1) FROM book ");
    strSQL.Append("WHERE ID = @ID");
    SqlParameter[] parameters = {
            new SqlParameter("@ID", SqlDbType.Int, 4)
    };
    parameters[0].Value = ID;

    return dbExec.Exists(strSQL.ToString(), transaction, parameters);
}
```

读者可以将这段代码与图书类别数据访问类中的 **Exists** 方法的实现比较一下，就可以看出，两个方法的实现是一样的，区别仅在于所执行的 SQL 命令中对应的表的名称不一样。其他方法之间的差异也是类似的，因为图书信息比图书类别信息包含的字段多，所以相关的数据访问方法在构成 SQL 命令时所操作的参数就多一些，方法的实现显得更复杂。例如，用于更新数据的方法 **UpdateRow** 的实现代码如下：

```
public void UpdateRow(BookModel model)
{
    StringBuilder strSQL = new StringBuilder();
    strSQL.Append("UPDATE book SET ");
    strSQL.Append("bookNm = @bookNm,");
    strSQL.Append("bookNo = @bookNo,");
    strSQL.Append("publisher = @publisher,");
    strSQL.Append("author = @author,");
    strSQL.Append("categoryID = @categoryID,");
    strSQL.Append("publishDate = @publishDate,");
    strSQL.Append("bookNumber = @bookNumber,");
    strSQL.Append("bookDescription = @bookDescription,");
    strSQL.Append("addDate = @addDate");
    strSQL.Append(" WHERE ");
    strSQL.Append("ID = @ID ");
    SqlParameter[] parameters = {
            new SqlParameter("@ID", SqlDbType.Int, 4),
            new SqlParameter("@bookNm", SqlDbType.NVarChar, 50),
            new SqlParameter("@bookNo", SqlDbType.NVarChar, 50),
            new SqlParameter("@publisher", SqlDbType.NVarChar, 50),
            new SqlParameter("@author", SqlDbType.NVarChar, 50),
            new SqlParameter("@categoryID", SqlDbType.Int, 4),
            new SqlParameter("@publishDate", SqlDbType.DateTime, 8),
            new SqlParameter("@bookNumber", SqlDbType.Int, 4),
            new SqlParameter("@bookDescription", SqlDbType.NVarChar, 0),
            new SqlParameter("@addDate", SqlDbType.DateTime, 8)
            };
    parameters[0].Value = model.ID;
    parameters[1].Value = model.BookNm;
    parameters[2].Value = model.BookNo;
    parameters[3].Value = model.Publisher;
    parameters[4].Value = model.Author;
    parameters[5].Value = model.CategoryID;
    parameters[6].Value = model.PublishDate;
    if (model.PublishDate == DateTime.MinValue)
```

```
        parameters[6].Value = DBNull.Value;
    parameters[7].Value = model.BookNumber;
    parameters[8].Value = model.BookDescription;
    parameters[9].Value = model.AddDate;
    if (model.AddDate == DateTime.MinValue)
        parameters[9].Value = DBNull.Value;

    dbExec.ExecuteSql(strSQL.ToString(), transaction, parameters);
}
```

虽然这个方法的实现较长，但仔细比较一下，方法实现的方式与 BookCategoryDAL 类中的 UpdateRow 方法实现是相同的，只是更新的字段以及 SQL 命令包含的参数较多而已。

除了这些实现方式相同的方法外，BookDAL 类中还包含了几种在 BookCategory DAL 没有的方法，如 ExistsWithLogicKey, UpdateRowWithLogicKey, DeleteRow WithLogicKey, GetSingleRowWithLogicKey 等。因为在 book 表中存在着字段 bookNo 可以唯一地标识一本书，这几种方法就是根据 bookNo 来查找、更新和删除图书信息。这几个方法的实现代码如下：

```
public bool ExistsWithLogicKey(string bookNo)
{
    BookModel model = new BookModel();
    StringBuilder strSQL = new StringBuilder();
    strSQL.Append("SELECT COUNT(1) FROM book ");
    strSQL.Append("WHERE bookNo = @bookNo");
    SqlParameter[] parameters = {
            new SqlParameter("@bookNo", SqlDbType.NVarChar, 50)
            };
    parameters[0].Value = bookNo;

    return dbExec.Exists(strSQL.ToString(), transaction, parameters);
}

public void UpdateRowWithLogicKey(BookModel model)
{
    StringBuilder strSQL = new StringBuilder();
    strSQL.Append("UPDATE book SET ");
    strSQL.Append("bookNm = @bookNm,");
    strSQL.Append("publisher = @publisher,");
    strSQL.Append("author = @author,");
```

```
        strSQL.Append("categoryID = @categoryID,");
        strSQL.Append("publishDate = @publishDate,");
        strSQL.Append("bookNumber = @bookNumber,");
        strSQL.Append("bookDescription = @bookDescription,");
        strSQL.Append("addDate = @addDate");
        strSQL.Append(" WHERE ");
        strSQL.Append("bookNo = @bookNo ");
        SqlParameter[] parameters = {
                new SqlParameter("@ID", SqlDbType.Int, 4),
                new SqlParameter("@bookNm", SqlDbType.NVarChar, 50),
                new SqlParameter("@bookNo", SqlDbType.NVarChar, 50),
                new SqlParameter("@publisher", SqlDbType.NVarChar, 50),
                new SqlParameter("@author", SqlDbType.NVarChar, 50),
                new SqlParameter("@categoryID", SqlDbType.Int, 4),
                new SqlParameter("@publishDate", SqlDbType.DateTime, 8),
                new SqlParameter("@bookNumber", SqlDbType.Int, 4),
                new SqlParameter("@bookDescription", SqlDbType.NVarChar, 0),
                new SqlParameter("@addDate", SqlDbType.DateTime, 8)
                };
    parameters[0].Value = model.ID;
    parameters[1].Value = model.BookNm;
    parameters[2].Value = model.BookNo;
    parameters[3].Value = model.Publisher;
    parameters[4].Value = model.Author;
    parameters[5].Value = model.CategoryID;
    parameters[6].Value = model.PublishDate;
    if (model.PublishDate == DateTime.MinValue)
        parameters[6].Value = DBNull.Value;
    parameters[7].Value = model.BookNumber;
    parameters[8].Value = model.BookDescription;
    parameters[9].Value = model.AddDate;
    if (model.AddDate == DateTime.MinValue)
        parameters[9].Value = DBNull.Value;

    dbExec.ExecuteSql(strSQL.ToString(), transaction, parameters);
}

public void DeleteRowWithLogicKey(string bookNo)
{
    StringBuilder strSQL = new StringBuilder();
    strSQL.Append("DELETE FROM book");
```

```
        strSQL.Append(" WHERE ");
        strSQL.Append("bookNo = @bookNo");
        SqlParameter[] parameters = {
                new SqlParameter("@bookNo", SqlDbType.NVarChar, 50)
                };
        parameters[0].Value = bookNo;

        dbExec.ExecuteSql(strSQL.ToString(), transaction, parameters);
}

public DataRow GetSingleRowWithLogicKey(string bookNo)
{
    BookModel model = new BookModel();
    StringBuilder strSQL = new StringBuilder();
    strSQL.Append("SELECT * FROM book");
    strSQL.Append(" WHERE ");
    strSQL.Append("bookNo = @bookNo");
    SqlParameter[] parameters = {
            new SqlParameter("@bookNo", SqlDbType.NVarChar, 50)
            };
    parameters[0].Value = bookNo;

    return dbExec.GetSingleRow(strSQL.ToString(), transaction, parameters);
}
```

读者可以登录 www.broadview.com..cn，在 "资源下载" 区下载本书代码资源，从中获得类 BookDAL 完整的代码实现，读者可以结合前面对类 DBExec 及 BookCategoryDAL 的讲解，看一下是否可以理解所有方法的实现。

2. 类 VBookDAL

类 VBookDAL 是与视图 vBook 对应的，主要包含了用于查询的两个方法 ExistsWithParam 和 GetTable 的实现。类 VBookDAL 完整的实现代码如下：

```
using System;
using System.Collections.Generic;
using System.Data.SqlClient;
using System.Text;
using System.Data;
using LIBRARYMSModel;
```

```
namespace LIBRARYMSDAL
{
    public class VBookDAL
    {
        DBExec dbExec = new DBExec();
        public VBookDAL()
        {
            dbExec.Connection = connection;
            dbExec.Transaction = transaction;
        }
        public VBookDAL(SqlConnection connection)
        {
            dbExec.Connection = connection;
            dbExec.Transaction = transaction;
        }
        public VBookDAL(SqlConnection connection, SqlTransaction transaction)
        {
            dbExec.Connection = connection;
            dbExec.Transaction = transaction;
        }
        private SqlTransaction transaction = null;
        private SqlConnection connection = null;
        public SqlConnection Connection
        {
            get
            {
                return connection;
            }
            set
            {
                connection = value;
            }
        }
        public SqlTransaction Transaction
        {
            get
            {
                return transaction;
            }
            set
            {
```

```
                transaction = value;
            }
        }
        public bool ExistsWithParam(string strWhere)
        {
            BookBorrowModel model = new BookBorrowModel();
            StringBuilder strSQL = new StringBuilder();
            strSQL.Append("SELECT COUNT(1) FROM vBook ");
            if (strWhere.Length > 0)
            {
                strSQL.Append(" WHERE " + strWhere);
            }
            return dbExec.Exists(strSQL.ToString(), transaction);
        }

        public DataTable GetTable(params string[] strWhere)
        {
            StringBuilder strSQL = new StringBuilder();
            strSQL.Append("SELECT * FROM vBook");
            if (strWhere.Length > 0)
            {
                strSQL.Append(" WHERE " + strWhere[0]);
            }
            return dbExec.Query(strSQL.ToString(), transaction, "vBook");
        }
    }
}
```

12.4　图书借阅的数据层实现

与图书借阅业务相关的功能主要有图书借阅及其处理和延期归还申请及其处理。下面依然按照数据对象转换项目和数据访问实现项目两部分对于图书借阅相关的数据层的实现进行介绍。

12.4.1　数据对象转换项目——Model

与图书借阅相关的业务实体类为 BookBorrowModel 和 VBookBorrowModel，它们的关系与前面介绍的 BookModel 和 VBookModel 的关系类似，BookBorrowModel 类对应于数据库表 bookBorrow，VBookBorrowModel 对应于视图 vBookBorrow，并增加了图书名、

用户名、延期申请 ID 等关联信息。下面是 BookBorrowModel 及 VBookBorrowModel 的相关的代码实现，VBookBorrowModel 的代码仅列出了与 BookBorrowModel 不同的部分。

```csharp
public class BookBorrowModel
    {
        private int _ID = 0;
        private Guid _userID ;
        private DateTime _borrowTime = DateTime.MinValue;
        private int _borrowType = 0;
        private DateTime _returnTime = DateTime.MinValue;
        private int _bookID = 0;
        private bool _isReturn = false;

        public int ID
        {
            get
            {
                return _ID;
            }
            set
            {
                _ID = value;
            }
        }
        public Guid UserID
        {
            get
            {
                return _userID;
            }
            set
            {
                _userID = value;
            }
        }
        public DateTime BorrowTime
        {
            get
            {
                return _borrowTime;
            }
```

```
        set
        {
            _borrowTime = value;
        }
    }
    public int BorrowType
    {
        get
        {
            return _borrowType;
        }
        set
        {
            _borrowType = value;
        }
    }
    public DateTime ReturnTime
    {
        get
        {
            return _returnTime;
        }
        set
        {
            _returnTime = value;
        }
    }
    public int BookID
    {
        get
        {
            return _bookID;
        }
        set
        {
            _bookID = value;
        }
    }
    public bool IsReturn
    {
        get
```

```
        {
            return _isReturn;
        }
        set
        {
            _isReturn = value;
        }
    }
}

public class VBookBorrowModel
    {
        private string _bookNm = string.Empty;
        private string _userNm = string.Empty;
        private string _classNm = string.Empty;
        private int _extensionID = 0;


        public string UserNm
        {
            get
            {
                return _userNm;
            }
            set
            {
                _userNm = value;
            }
        }
        public string ClassNm
        {
            get
            {
                return _classNm;
            }
            set
            {
                _classNm = value;
            }
        }
        public string BookNm
```

```
    {
        get
        {
            return _bookNm;
        }
        set
        {
            _bookNm = value;
        }
    }

    public int ExtensionID
    {
        get
        {
            return _extensionID;
        }
        set
        {
            _extensionID = value;
        }
    }
}
```

　　需要注意的是，类中的字段_userID 的类型是 Guid，这是因为在表 bookBorrow 中字段 userID 用于记录借阅图书的用户，实际上这个字段是与成员资格管理中的表 aspNET_Users 的 UserID 字段相关联的，因此字段的类型与 aspNET_Users 的 UserID 字段的类型一样，都为 UniqueIdentifier，而 SQL Server 中的 UniqueIdentifier 类型表达的就是全局唯一标识符，与.NET 框架中的 Guid 类型对应。

　　与延期归还申请相关的业务实体类为 ExtensionApplyModel 及 VextensionApply Model，分别对应于表 extensionApply 及视图 vExtensionApply。两个类的实现方式与前面介绍的业务实体类的实现类似，这里就不详细介绍了。

12.4.2　数据访问实现项目

　　与图书信息的数据访问的实现类似，图书借阅相关的数据访问类型包括 BookBorrowDAL 及 VBookBorrowDAL，分别与表 bookBorrow 及视图 vBookBorrow 相对应。

　　BookBorrowDAL 类的结构及实现方式与类 BookDAL 相似，同样包括了用于判断数据是否存在的 Exists, ExistsWithLogicKey, ExistsWithParam 等方法；用于获取数据的 GetTable, GetSingleRow, GetSingleRowWithLogicKey, GetVTable, GetLastRow 等方法；用于维护数据的 AddRow, UpdateRow, UpdateRowWithLogicKey, DeleteRow, DeleteRowWithLogicKey, DeleteRowWithParam 等方法。这其中需要特别注意的是 BookBorrowDAL 中的几个***WithLogicKey 方法与 BookDAL 中的对应的方法不同，这几个方法都接受三个参数，这是因为在表 bookBorrow 中，可以通过 bookID, userID, isRetrun 等几个字段联合确定一条记录。

方法 ExistsWithLogicKey 的实现代码如下：

```
public bool ExistsWithLogicKey(int bookID,Guid userID,bool isRetrun)
{
    BookBorrowModel model = new BookBorrowModel();
    StringBuilder strSQL = new StringBuilder();
    strSQL.Append("SELECT COUNT(1) FROM bookBorrow ");
    strSQL.Append("WHERE bookID = @bookID and userID=@userID and isReturn=
@isReturn");
    SqlParameter[] parameters = {
            new SqlParameter("@bookID", SqlDbType.Int, 4),
            new SqlParameter("@userID", SqlDbType.UniqueIdentifier),
            new SqlParameter("@isReturn", SqlDbType.Bit,1)
            };
    parameters[0].Value = bookID;
    parameters[1].Value = userID;
    parameters[2].Value = isRetrun;

    return dbExec.Exists(strSQL.ToString(), transaction, parameters);
}
```

类 VBookBorrowDAL 的实现方式与类 VBookDAL 的实现方式相同，这里就不再重述了。

延期归还申请对应的数据访问类 ExtensionApplyDAL 及 VExtensionApplyDAL 的实现方法也类似，所以代码的实现就不详细讲述了。这里结合 BookBorrowDAL 及 ExtensionApplyDAL 的实现讨论一下数据库事务相关的问题。

在介绍图书类别的数据访问类的实现时，曾经讲过类的开始部分主要用于初始化数据访问操作使用的数据库连接对象和数据库事物对象。下面再通过 BookBorrowDAL 的实现看一下此部分的代码，如下：

```
public class BookBorrowDAL
{
```

```
        DBExec dbExec = new DBExec();
        public BookBorrowDAL()
        {
            dbExec.Connection = connection;
            dbExec.Transaction = transaction;
        }
        public BookBorrowDAL(SqlConnection connection)
        {
            dbExec.Connection = connection;
            dbExec.Transaction = transaction;
        }
    public BookBorrowDAL(SqlConnection connection, SqlTransaction transaction)
        {
            dbExec.Connection = connection;
            dbExec.Transaction = transaction;
        }
        private SqlTransaction transaction = null;
        private SqlConnection connection = null;
        public SqlConnection Connection
        {
            get
            {
                return connection;
            }
            set
            {
                connection = value;
            }
        }
        public SqlTransaction Transaction
        {
            get
            {
                return transaction;
            }
            set
            {
                transaction = value;
            }
        }
    }
    ……
}
```

正如前面所述，这段代码的主要作用是通过数据访问类的构造函数设置数据访问辅助类 DBExec 的属性——代表数据库连接的 Connection 属性和代表数据库事务的 Transaction 属性。在 ExtensionApplyDAL 类的初始部分也包含了相同的代码。下面结合延期归还申请的处理来看一下事务的实现。

在图书借阅的延期归还申请的业务中，借阅者可以对借阅的图书提出延期归还的申请，管理员可以对延期归还申请进行审批，审批分为同意和不同意两种情况。这里考虑同意延期申请的情况，在这种情况下需要进行的数据操作包括修改延期申请的状态和图书借阅记录中的归还日期。这两个数据操作处理要么同时完成，要么同时取消，因此，需要将这两个操作放到同一个数据库事务中来完成。下面这段代码节选自对申请进行同意处理的页面 AgreeApply.aspx 的隐藏文件，代码如下：

```
if (!string.IsNullOrEmpty(Request.QueryString["ID"]))
{
    SqlConnection conn = new SqlConnection(ApplicationConfig. ConnectionString());
    conn.OPEN();
    SqlTransaction transac = conn.BeginTransaction();
    ExtensionApplyBLL bll = new ExtensionApplyBLL(conn, transac);
    BookBorrowBLL borrowBll = new BookBorrowBLL(conn, transac);
    try
    {
        ExtensionApplyModel model = bll.GetModel(Convert.ToInt32(Request.
QueryString["ID"]));
        if (model != null && model.Conclusion == 1)
        {
            model.Conclusion = 2;
            bll.UpdateRow(model);
            BookBorrowModel borrowModel = borrowBll.GetModel(model.BorrowID);
            borrowModel.ReturnTime = borrowModel.ReturnTime.AddMonths(model.
ExtensionType);
            borrowBll.UpdateRow(borrowModel);
        }
        transac.Commit();
        lblMessage.Text = "操作完成";
    }
    catch (Exception ex)
    {
        transac.Rollback();
        lblMessage.Text = "操作出错";
    }
```

```
        finally
        {
            conn.Close();
            transac.Dispose();
        }
    }
```

上面这段代码通过两个业务逻辑类 BookBorrowBLL 和 ExtensionApplyBLL 完成了事务的操作，关于业务逻辑类的实现将在第 13 章进行详细的讲解，这里仅做简单介绍。首先，代码的开始部分创建了数据库连接对象的实例，同时通过数据库连接对象创建了数据库事务对象的实例，然后又以这两个对象实例为参数调用了 BookBorrowBLL 和 ExtensionApplyBLL 的构造函数，下面是这两个构造函数的代码实现。

```
public BookBorrowBLL(SqlConnection connection, SqlTransaction transaction)
{
    dal = new BookBorrowDAL(connection, transaction);
}

public ExtensionApplyBLL(SqlConnection connection, SqlTransaction transaction)
{
    dal = new ExtensionApplyDAL(connection, transaction);
}
```

可见，这两个业务逻辑类又初始化了两个数据访问类 BookBorrowDAL 和 ExtensionApplyDAL，注意这两个数据访问类的初始化使用了相同的数据连接及数据库事务对象实例。

调用 conn.BeginTransaction()方法在创建事务对象实例的同时也开始了一个新的数据库事务，这使得后续的数据处理被包含在一个数据库事务中，如果操作成功则提交事务，通过如下代码实现。

```
transac.Commit();
```

如果操作失败，则回滚数据库事务，即取消已完成的数据操作，通过如下代码实现。

```
transac.Rollback();
```

在前面的代码中，数据操作通过如下两个方法调用完成。

```
model.Conclusion = 2;
bll.UpdateRow(model);

borrowModel.ReturnTime                                                   =
```

```
borrowModel.ReturnTime.AddMonths(model.ExtensionType);
    borrowBll.UpdateRow(borrowModel);
```

而这两个业务逻辑类的方法有时通过调用数据访问类中的方法实现，如下代码为 BookBorrowBLL 的 UpdateRow 的方法的实现。

```
public void UpdateRow(BookBorrowModel model)
    {
        dal.UpdateRow(model);
    }
```

可见，最终的数据操作都是通过调用数据访问类中的方法实现的，而这些类中的初始化代码和上述代码中关于数据库连接及数据库事务的处理使得这些数据操作在同一个数据库事务中实现。

12.5　小结

前面通过图书类别、图书信息以及图书借阅等几个业务详细介绍了系统的数据访问层的实现的相关问题。首先介绍了数据访问层公用的数据访问方法的实现，这些方法的实现在类 DBExec 中；结合图书类别的数据访问层的介绍，着重讲解了数据对象转换项目中的业务实体类的实现以及数据访问类中的基本的数据访问方法的实现；结合图书信息相关的数据访问层的介绍，着重讲解了视图及其相关的业务实体类和数据访问类的实现；结合图书借阅的数据访问层的介绍，着重讲解了事务的概念及其在数据访问层的实现中的运用。

通过理解上述几个业务的数据访问层的实现，相信读者可以自己看懂系统中其他的数据访问类的实现，例如，用户、班级、图书图片等相关的数据访问类的实现。

总体来说，系统的数据访问层的实现分为三大部分——数据访问辅助类、业务实体类、数据访问类。在不同的系统中，这些部分的实现方式也可能会有不同的变化和选择。例如，微软提供的 Enterprise Library 中包含的 Data Access Application Block 实际上就是实现这样的功能，感兴趣的读者可以到微软的网站下载相关的源代码进行学习，并可将其应用到自己的项目开发中。在另外一些系统的实现中，会使用一些现成的 ORM（对象及关系映射）框架或工具来实现关系数据库到面向对象类型的映射。但有时这些工具并不像期望的那样稳定易用，使用这样的系统往往需要更长的学习时间及更多的工作实践。对此感兴趣的读者可以到网上找到很多这样的框架及工具，如在.NET 平台中比较流行的开源框架 NHibernate。读者也可以在自己的项目开发中使用这样的框架及工具。

实际上通过前面的代码讲解及介绍，读者可能会发现，不同业务的数据访问类的代码实现有很大的相似性,可以针对这种相似性开发出相应的代码自动生成工具,从而进一步提高开发效率。在本书提供的下载资料中(登录 www.broadview.com.cn,在"资源下载"区可下载该资料包),也提供了这样一个代码自动生成工具,前面给大家讲解的这些代码,也是在使用这个工具自动生成后再加以修改完成的。下面,就简单给大家介绍一下这个工具的使用方法。

运行 CodeCreater.exe,会出现设置数据库连接信息的窗口,如图 12-1 所示。

图 12-1　登录软件

填上 SQL Server 数据库服务器的名称和连接 SQL Server 的用户名及密码,单击"确定"按钮后开始连接数据库,并会出现如图 12-2 所示的初始化界面。

图 12-2　软件初始化

初始化过程会把所连接的数据库服务器中的数据库,以及标记视图的信息加载到应用程序中。应用程序的界面如图 12-3 所示。

界面的左半部分是加载的数据库和数据库表及视图的信息,右半部分分为 4 个视图,分别用于生成 Model 项目中的业务实体类的代码、数据访问层的代码、业务逻辑层的代码、数据库访问辅助类的代码。

使用时在左边栏选择需要生成代码的数据表,在右边栏的相应视图中单击"生成代码"按钮即可。如图 12-4 所示为针对 book 表生成业务实体类的代码的结果。

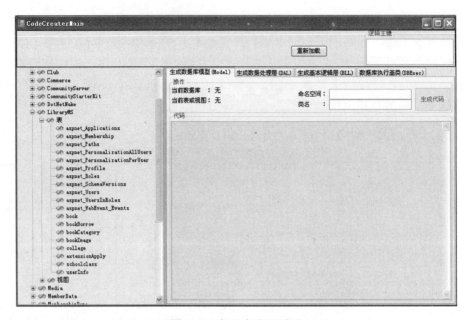

图 12-3　代码生成器页面

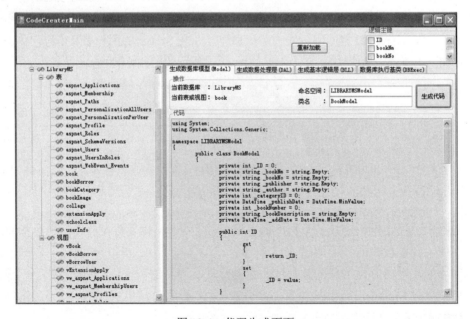

图 12-4　代码生成页面

其他几个视图生成代码的方式类似，这里就不一一展示了，读者可以使用这个工具生成系统需要的基础代码，并在此基础上进行修改及完善，可大大提高开发效率。

第 13 章　业务逻辑的实现

本章将主要讲述侧重开发的第二个项目的业务逻辑层的实现，业务逻辑层在三层架构中起到承上启下的作用。

在第 11 章的综述中，说过业务逻辑层主要用于从数据访问层提取数据，并按照更加自然易用的方式进行表达，同时负责系统核心业务逻辑的处理。例如，根据用户提交的数据进行其他的计算、对用户提交的数据进行合法性的验证、根据用户的操作调用数据访问层中相关的方法等。

本章将在第 12 章讲述数据访问层的基础上继续详细介绍系统业务逻辑层的实现。同样还是围绕图书类别、图书信息、图书借阅等几个核心业务来介绍业务逻辑层的实现。

13.1　图书类别的逻辑实现

首先来看一下与图书类别相关的业务逻辑层的实现，重点介绍业务逻辑层的类如何与数据访问项目中相关的类相结合来实现相关的业务操作。

图书类别功能的业务逻辑类为 BookCategoryBLL（定义在 BookCategoryBLL.cs 中）。下面先来看一下类的初始部分的实现代码，如下：

```
public class BookCategoryBLL
{
    private SqlTransaction transaction = null;
    private SqlConnection connection = null;
    private BookCategoryDAL dal = null;
    private bool disposed = false;
    private bool selfConn = false;
    public BookCategoryBLL()
```

```
        {
            connection = new SqlConnection();
          connection.ConnectionString = ApplicationConfig.ConnectionString();
          try
          {
              connection.Open();
              selfConn = true;
          }
          catch
          {
            connection.ConnectionString = ApplicationConfig.UpdateCache();
            connection.Open();
            selfConn = true;
          }
          finally
          {
              dal = new BookCategoryDAL(connection, transaction);
          }
        }
      public BookCategoryBLL(SqlConnection connection)
      {
          dal = new BookCategoryDAL(connection, transaction);
      }
      public  BookCategoryBLL(SqlConnection  connection,  SqlTransaction
transaction)
      {
          dal = new BookCategoryDAL(connection, transaction);
      }
      public SqlConnection Connection
      {
          get
          {
              return connection;
          }
          set
          {
              connection = value;
          }
      }
      public SqlTransaction Transaction
      {
```

```
        get
        {
            return transaction;
        }
        set
        {
            transaction = value;
        }
    }
    ……
}
```

类 BookCategoryBLL 中维护了几个字段，connection 代表数据库连接对象，transaction 代表数据库事务，dal 代表在后续的方法中使用的数据访问类 BookCategory DAL 的实例，disposed 字段标识是否已对类型所使用的资源进行了释放（相关的释放代码在本节的最后部分详细介绍），selfConn 字段标识数据库连接对象是否在此类中创建，如果是在此类中创建数据库连接对象，则需要在进行资源释放的时候关闭；如果是在类外导入的数据库连接对象，则不需要关闭。

上面的初始部分代码还包括了类的三个构造函数。在无参的构造函数中，通过定义在业务逻辑层的另一个类 ApplicationConfig 中的静态方法 ConnectionString 获取连接字符串，并使用这个连接字符串创建了一个新的数据连接对象。在另外两个构造函数中，则是通过构造函数的参数传入数据库连接对象。在这三个构造函数中所做的主要工作是创建数据访问类 BookCategoryDAL 的实例。

图书分类的业务逻辑类同样也包括了判断指定的图书分类是否存在 Exists 及 ExistsWithParam 方法，其实现代码如下：

```
public bool Exists(int ID)
{
    return dal.Exists(ID);
}


public bool ExistsWithParam(string strWhere)
{
    return dal.ExistsWithParam(strWhere);
}
```

Exists 方法用于判断是否存在与给定的 ID 对应的图书分类记录，ExistsWithParam 方法用于判断是否存在与给定的查询条件对应的图书分类记录。通过代码可以看出，这两个方法都是通过调用前面介绍过的数据访问类 BookCategoryDAL 中相应的方法来实现的。

在上一章介绍图书分类数据访问层实现时，曾经介绍了用于获取符合给定条件的图书分类的数据集的方法 GetTable，在业务逻辑层有两个方法的实现用到了该方法，分别是 GetTable 方法及 GetList 方法。实现代码如下：

```
public DataTable GetTable(params string[] strWhere)
{
    return dal.GetTable(strWhere);
}

public List<BookCategoryModel> GetList(params string[] strWhere)
{
    List<BookCategoryModel> models = new List<BookCategoryModel>();
    DataTable dt = dal.GetTable(strWhere);
    foreach (DataRow dr in dt.Rows)
    {
        BookCategoryModel model = new BookCategoryModel();
        if (dr["ID"] != DBNull.Value)
            model.ID = Convert.ToInt32(dr["ID"]);
        if (dr["categoryNm"] != DBNull.Value)
            model.CategoryNm = Convert.ToString(dr["categoryNm"]);
        models.Add(model);
    }
    return models;
}
```

这两个方法都是通过调用数据访问层的方法获取给定条件的图书分类的数据列表。不同的是方法 GetTable 直接调用数据访问层的方法并将结果返回，返回类型为 DataTable；而方法 GetList 在获取了数据访问层返回的 DataTable 数据后，又针对此 DataTable 中的每一个 DataRow 做了一个 foreach 循环，并使用 DataRow 中的数据创建了 BookCategoryModel（图书分类的业务实体类，详见上一章的讲述）的实例，最终使用 DataTable 中的数据创建了 BookCategoryModel 的列表并将此列表作为方法的返回值返回；方法 GetList 的返回类型为 List<BookCategoryModel>，List 是.NET Framework 2.0 提供的泛型的列表集合类，<BookCategoryModel>代表此方法中创建的集合中的成员的类均为 BookCategoryModel 类。关于泛型的详细论述读者可参考讲解 C# 2005 的相关书籍。在 foreach 循环中，用 DBNull 类对 DataRow 中的数据进行了判断，DBNull 类通常用于在面向数据库应用的程序中判断某个值是否为空值（Null），DBNull.Value 则是代表此类型的唯一实例。代码中用到的另外一个类型为 Convert 类，这个类是定义在 System

命名空间中的类，定义了许多用于将一个基本数据类转换为另一个基本数据类的方法，如上述代码中的 ToInt32 及 ToString。

有了 GetList 的业务逻辑方法，在界面层就可以查询并显示图书分类的数据，代码如下：

```
BookCategoryBLL bll = new BookCategoryBLL();
gridview1.DataSource = bll.GetList();
gridview1.DataBind();
bll.Dispose();
```

与数据访问层中的 GetSingleRow 方法对应的业务逻辑层的方法为 GetModel，方法的代码如下：

```
public BookCategoryModel GetModel(int ID)
{
    DataRow dr = GetSingleRow(ID);
    if (dr == null)
    {
        return null;
    }
    BookCategoryModel model = new BookCategoryModel();
    if (dr["ID"] != DBNull.Value)
        model.ID = Convert.ToInt32(dr["ID"]);
    if (dr["categoryNm"] != DBNull.Value)
        model.CategoryNm = Convert.ToString(dr["categoryNm"]);
    return model;
}
```

这个方法接受指定的图书分类的 ID，并获取与此 ID 对应的图书分类的记录。方法的返回类为图书分类的业务实体类 BookCategoryModel。与上面介绍的 GetList 方法类似，此方法在调用了数据访问类中的 GetSingleRow 方法后，使用返回的 DataRow 创建了 BookCategoryModel 的实例并将其返回。

下面的代码在界面层调用了此方法。

```
BookCategoryBLL bll = new BookCategoryBLL();
    BookCategoryModel model = bll.GetModel(Convert.ToInt32(Request. QueryString
["ID"]));
    txtName.Text = model.CategoryNm;
```

业务逻辑类中实现的其他用于查询的方法，代码如下：

```
public DataTable GetVTable(params string[] strWhere)
```

```
{
    return dal.GetVTable(strWhere);
}

public DataRow GetLastRow()
{
    return dal.GetLastRow();
}

public BookCategoryModel GetLastModel()
{
    DataRow dr = GetLastRow();
    if (dr == null)
    {
        return null;
    }
    BookCategoryModel model = new BookCategoryModel();
    if (dr["ID"] != DBNull.Value)
        model.ID = Convert.ToInt32(dr["ID"]);
    if (dr["categoryNm"] != DBNull.Value)
        model.CategoryNm = Convert.ToString(dr["categoryNm"]);
    return model;
}
```

GetVTable 方法用于从图书类别对应的视图中查询数据，GetLastRow 通过获取图书类别表中最大的 ID 来查询表中的最后一条记录。GetLastModel 实现的功能与 GetLastRow 相同，只是返回类为 BookCategoryModel，实现的思路与 GetModel 方法类似。

类 BookCategoryBLL 中其他的几个方法用于数据的新增、修改及删除等功能的实现，方法的实现代码如下：

```
public int AddRow(BookCategoryModel model)
{
    return dal.AddRow(model);
}

public void UpdateRow(BookCategoryModel model)
{
    dal.UpdateRow(model);
}

public void DeleteRow(BookCategoryModel model)
```

```
{
    dal.DeleteRow(model);
}

public void DeleteRow(int ID)
{
    dal.DeleteRow(ID);
}

public void DeleteRowWithParam(string strWhere)
{
    dal.DeleteRowWithParam(strWhere);
}
```

可见，因为有了数据访问层相应方法的实现，业务逻辑层中的方法只需要直接调用数据访问层中相应的方法即可。

图书分类业务逻辑类中最后要介绍的方法为 Dispose 方法，其实现代码如下：

```
public void Dispose()
{
    Dispose(true);
    GC.SuppressFinalize(this);
}
protected virtual void Dispose(bool disposing)
{
    if (!this.disposed)
    {
        if (this.selfConn)
        {
            if (this.connection.State == ConnectionState.Open)
            {
                this.connection.Close();
                this.connection.Dispose();
            }
        }
        this.disposed = true;
    }
}
```

Dispose 方法用于释放业务逻辑类中使用资源，当然这里主要指的是数据库连接资源。无参的 Dispose 方法可以在使用业务逻辑类的过程的最后被调用，例如，下面的代码是界面层使用业务逻辑类的一段代码，用于获取图书类别的列表并添加到 DropDownList 中。

```
BookCategoryBLL categorybll = new BookCategoryBLL();
List<BookCategoryModel> listcategory = categorybll.GetList();
foreach (BookCategoryModel model in listcategory)
{
    ListItem item = new ListItem(model.CategoryNm, model.ID.ToString());
    this.ddbookcategory.Items.Add(item);
}
this.ddbookcategory.DataBind();
categorybll.Dispose();
```

上面的处理最后调用了 Dispose 进行了资源的释放。无参的 Dispose 方法通过调用有参的 Dispose 方法来实现。有参的 Dispose 方法通过字段 disposed 及 selfConn 来进行判断，如果没有进行过 Dispose 的调用并且数据库连接对象实例是在类中创建的话，就将数据库连接关闭并释放。有一点需要注意，就是在无参的 Dispose 方法中调用了方法 GC.SuppressFinalize，这个调用的目的是请求系统在进行垃圾回收的时候不再调用指定对象的终结器（在 C#中就是析构函数）进行资源释放，因为这个工作已经由 Dispose 方法完成了。

以上就是在图书类别业务逻辑类 BookCategoryBLL 中所实现的方法，涵盖了针对图书类别进行查询、新增、更新、删除等操作，而所有这些方法的实现都是通过调用数据访问层中的方法来实现的。

13.2　图书信息的业务逻辑实现

上一节结合图书类别的功能完整地介绍了业务逻辑层的基本及主要方法的实现，与数据访问层中的顺序一样，本节将结合图书信息的功能进一步介绍与业务逻辑层的实现相关的其他问题。

上一章在讨论图书信息功能的数据访问层的实现时，讲到了为了在处理图书信息时显示图书分类，需要使用视图，并且在数据访问层中实现了对视图进行支持的类。同样，在业务逻辑层的实现中也有两个类与图书信息有关，分别为 BookBLL 及 VBookBLL。BookBLL 与数据访问层的类 BookDAL 对应，VBookBLL 与数据访问层的类 VBookDAL 对应。

下面先来看 BookBLL 类型的实现。类 BookBLL 的实现与前面的图书分类对应业务逻辑类 BookCategoryBLL 的实现非常类似，同样包含了查询、新增、修改及删除等相关

操作的方法，方法的实现方式也非常类似，只是与业务实体类相关的方法所操作的字段
及业务实体类的信息不同，如 GetList 方法，其实现代码如下：

```
public List<BookModel> GetList(params string[] strWhere)
{
    List<BookModel> models = new List<BookModel>();
    DataTable dt = dal.GetTable(strWhere);
    foreach (DataRow dr in dt.Rows)
    {
        BookModel model = new BookModel();
        if (dr["ID"] != DBNull.Value)
            model.ID = Convert.ToInt32(dr["ID"]);
        if (dr["bookNm"] != DBNull.Value)
            model.BookNm = Convert.ToString(dr["bookNm"]);
        if (dr["bookNo"] != DBNull.Value)
            model.BookNo = Convert.ToString(dr["bookNo"]);
        if (dr["publisher"] != DBNull.Value)
            model.Publisher = Convert.ToString(dr["publisher"]);
        if (dr["author"] != DBNull.Value)
            model.Author = Convert.ToString(dr["author"]);
        if (dr["categoryID"] != DBNull.Value)
            model.CategoryID = Convert.ToInt32(dr["categoryID"]);
        if (dr["publishDate"] != DBNull.Value)
            model.PublishDate = Convert.ToDateTime(dr["publishDate"]);
        if (dr["bookNumber"] != DBNull.Value)
            model.BookNumber = Convert.ToInt32(dr["bookNumber"]);
        if (dr["bookDescription"] != DBNull.Value)
            model.BookDescription = Convert.ToString(dr["bookDescription"]);
        if (dr["addDate"] != DBNull.Value)
            model.AddDate = Convert.ToDateTime(dr["addDate"]);
        models.Add(model);
    }
    return models;
}
```

　　可见，方法整体实现的结构与图书类别中的 GetList 方法是相同的，也是调用数据访
问类中的 GetTable 方法，使用返回的 DataTable 中的数据创建业务实体类的列表并返回。
　　除了与图书分类的业务逻辑类的实现有相同的方法外，图书信息的业务逻辑的实现
还包括了其他几个 BookCategoryBLL 中没有的方法，如 ExistsWithLogicKey,UpdateRow
WithLogicKey,DeleteRowWithLogicKey,GetSingleRowWithLogicKey 等方法。回顾一下在

数据访问层中的讲解，这几个方法的目的是通过字段 BookNo 唯一的标识某本书，并根据 BookNo 来查找、更新及删除图书信息。这几种方法的实现代码如下：

```
public bool ExistsWithLogicKey(string bookNo)
{
    return dal.ExistsWithLogicKey(bookNo);
}

public void UpdateRowWithLogicKey(BookModel model)
{
    dal.UpdateRowWithLogicKey(model);
}

public void DeleteRowWithLogicKey(string bookNo)
{
    dal.DeleteRowWithLogicKey(bookNo);
}

public DataRow GetSingleRowWithLogicKey(string bookNo)
{
    return dal.GetSingleRowWithLogicKey(bookNo);
}
```

可见，在业务逻辑层中这几个方法的实现相对简单，直接调用数据访问层中的方法即可。

下面通过界面层中使用图书信息业务逻辑类的代码片断。了解一下业务逻辑类中的方法是如何被调用的。

下面的代码摘自文件 ShowBookList.aspx，其通过 GetList 方法获取图书信息列表并显示在 DataGrid 中。

```
BookBLL bll = new BookBLL();
datagrid1.DataSource = bll.GetList("bookNm='" + Request.QueryString["name"]
+"'");
this.datagrid1.DataBind();
bll.Dispose();
```

下面的代码摘自文件 AddBook.aspx，其通过 GetModel 方法获取某图书的信息，并通过业务实体对象返回并显示在相关控件中。

```
BookBLL bll=new BookBLL();
BookModel model = bll.GetModel(Convert.ToInt32(Request.QueryString["bookID"]));
```

```
txtbookNm.Text = model.BookNm;
txtbookID.Text = model.BookNo;
txtpublisher.Text = model.Publisher;
txtauthor.Text = model.Author;
txtbooknum.Text = model.BookNumber.ToString();
txtbookNote.Text = model.BookDescription;
Image1.ImageUrl = "~/Handler.ashx?bookID="+model.ID;
Calendar1.TodaysDate= Calendar1.SelectedDate = model.PublishDate;
ddbookcategory.SelectedValue = model.CategoryID.ToString();
bll.Dispose();
```

下面的代码摘自文件 AddBook.aspx，其实现的是图书的添加和修改功能。

```
bool isEdit = false;
BookBLL bookbll = new BookBLL();
BookModel bookmodel = new BookModel();
if (!string.IsNullOrEmpty(Request.QueryString["bookID"]))
{
    isEdit = true;
}
if (isEdit)
{
    bookmodel = bookbll.GetModel(Convert.ToInt32(Request.QueryString["bookID"]));
}
bookmodel.BookNm = txtbookNm.Text;
bookmodel.BookNo = txtbookID.Text;
bookmodel.CategoryID = Convert.ToInt32(ddbookcategory.SelectedValue);
bookmodel.Publisher = txtpublisher.Text;
bookmodel.Author = txtauthor.Text;
bookmodel.AddDate = DateTime.Now;
bookmodel.BookNumber = int.Parse(txtbooknum.Text);
bookmodel.BookDescription = txtbookNote.Text;
bookmodel.PublishDate = Calendar1.SelectedDate;
int bookID = 0;
if (isEdit)
{
    bookID = Convert.ToInt32(Request.QueryString["bookID"]);
    bookbll.UpdateRow(bookmodel);
}
else
{
    bookID = bookbll.AddRow(bookmodel);
```

```
}
```

上面的代码中，首先创建了业务逻辑类及业务实体类的对象，然后根据是否存在查询字符串决定执行新增操作还是修改操作，如果执行修改操作就使用 GetModel 方法获取图书的原始信息到业务实体类中，最后根据控件的值更新业务实体类的信息，并调用业务逻辑类的 UpdateRow 方法或 AddRow 方法进行数据的更新或添加。

下面的代码摘自文件 BackBook.aspx，其通过调用 ExistsWithLogicKey 以及 GetModel WithLogicKey 方法在还书时进行业务逻辑判断。

```
BookBLL bookBll = new BookBLL();
if (!bookBll.ExistsWithLogicKey(txtBookNo.Text))
{
    bookBll.Dispose();
    lblMessage.Text = "书号不存在";
    return;
}
BookModel bookModel = bookBll.GetModelWithLogicKey(txtBookNo.Text);
bookBll.Dispose();
int bookID = bookModel.ID;
if (bookModel.BookNm != txtBookName.Text)
{
    lblMessage.Text = "书号与书名不符";
    return;
}
```

通过上面几段代码，相信读者可以理解业务逻辑类中的代码是如何在界面层中被调用的了。

下面再看一下 VBookBLL 的实现，除了类型的初始化部分以及用于释放资源的 Dispose 方法外，VBookBLL 类中主要包含了 ExistsWithParam 方法及 GetTable,GetList 等方法。下面是 VBookBLL 类的完整的实现代码。

```
using System;
using System.Data;
using System.Data.SqlClient;
using System.Text;
using System.Collections;
using System.Collections.Generic;
using LIBRARYMSModel;
using LIBRARYMSDAL;

namespace LIBRARYMSBLL
```

```
{
    public class VBookBLL
    {
        private SqlTransaction transaction = null;
        private SqlConnection connection = null;
        private VBookDAL dal = null;
        private bool disposed = false;
        private bool selfConn = false;
        public VBookBLL()
        {
            connection = new SqlConnection();
            connection.ConnectionString = ApplicationConfig.ConnectionString();
            try
            {
                connection.Open();
                selfConn = true;
            }
            catch
            {
                connection.ConnectionString = ApplicationConfig.UpdateCache();
                connection.Open();
                selfConn = true;
            }
            finally
            {
                dal = new VBookDAL(connection, transaction);
            }
        }
        public VBookBLL(SqlConnection connection)
        {
            dal = new VBookDAL(connection, transaction);
        }
        public VBookBLL(SqlConnection connection, SqlTransaction transaction)
        {
            dal = new VBookDAL(connection, transaction);
        }
        public SqlConnection Connection
        {
            get
            {
                return connection;
```

```
            }
        set
        {
            connection = value;
        }
    }
    public SqlTransaction Transaction
    {
        get
        {
            return transaction;
        }
        set
        {
            transaction = value;
        }
    }
    public bool ExistsWithParam(string strWhere)
    {
        return dal.ExistsWithParam(strWhere);
    }
    public DataTable GetTable(params string[] strWhere)
    {
        return dal.GetTable(strWhere);
    }

    public List<VBookModel> GetList(params string[] strWhere)
    {
        List<VBookModel> models = new List<VBookModel>();
        DataTable dt = dal.GetTable(strWhere);
        foreach (DataRow dr in dt.Rows)
        {
            VBookModel model = new VBookModel();
            if (dr["ID"] != DBNull.Value)
                model.ID = Convert.ToInt32(dr["ID"]);
            if (dr["bookNm"] != DBNull.Value)
                model.BookNm = Convert.ToString(dr["bookNm"]);
            if (dr["bookNo"] != DBNull.Value)
                model.BookNo = Convert.ToString(dr["bookNo"]);
            if (dr["publisher"] != DBNull.Value)
                model.Publisher = Convert.ToString(dr["publisher"]);
```

```
            if (dr["author"] != DBNull.Value)
                model.Author = Convert.ToString(dr["author"]);
            if (dr["categoryID"] != DBNull.Value)
                model.CategoryID = Convert.ToInt32(dr["categoryID"]);
            if (dr["publishDate"] != DBNull.Value)
                model.PublishDate = Convert.ToDateTime(dr["publishDate"]);
            if (dr["bookNumber"] != DBNull.Value)
                model.BookNumber = Convert.ToInt32(dr["bookNumber"]);
            if (dr["bookDescription"] != DBNull.Value)
            model.BookDescription = Convert.ToString(dr["bookDescription"]);
            if (dr["addDate"] != DBNull.Value)
                model.AddDate = Convert.ToDateTime(dr["addDate"]);
            if (dr["categoryNm"] != DBNull.Value)
                model.CategoryNm = Convert.ToString(dr["categoryNm"]);
            models.Add(model);
        }
        return models;
    }
    public void Dispose()
    {
        Dispose(true);
        GC.SuppressFinalize(this);
    }
    protected virtual void Dispose(bool disposing)
    {
        if (!this.disposed)
        {
            if (this.selfConn)
            {
                if (this.connection.State == ConnectionState.Open)
                {
                    this.connection.Close();
                    this.connection.Dispose();
                }
            }
            this.disposed = true;
        }
    }

    }
}
```

在界面层中可以使用 VBookBLL 实现图书列表的显示，在 GridView 中显示图书列表的代码如下：

```
VBookBLL bll = new VBookBLL();
gridview1.DataSource = bll.GetList();
gridview1.DataBind();
```

13.3 图书借阅记录的业务逻辑实现

上一章介绍过，与图书借阅业务相关的功能主要有图书借阅处理以及延期归还申请处理。与图书借阅处理相关的业务逻辑层的类为 BookBorrowBLL 及 VBookBorrowBLL，与延期归还申请处理相关的业务逻辑层的类为 ExtensionApply BLL 及 VExtensionApplyBLL。这些类与介绍过的数据访问层的类都是对应的，例如，BookBorrowBLL 类与 BookBorrowDAL 对应，VBookBorrowBLL 类与 Vbook BorrowDAL 对应。

其中，BookBorrowBLL 及 ExtensionApplyBLL 的实现方式与上一节中介绍的 BookBLL 类的实现方式是相同的。现在再将实现思路简单总结一下，首先通过构造函数初始化数据库连接对象实例，同时创建要使用的数据访问类型的实例；然后基于数据访问对象实现一系列业务逻辑方法，包括用于判断数据是否存在的 Exists, ExistsWithLogicKey, ExistsWithParam 等方法，用于查询并返回数据的 GetTable, GetList, GetSingleRow, GetSingleRowWithLogicKey, GetModel, GetModelWithLogicKey, GetVTable, GetLastRow, GetLastModel 等方法，实现数据维护的 AddRow, UpdateRow, UpdateRowWithLogicKey, DeleteRow, DeleteRowWithLogicKey, DeleteRowWithParam 等方法，以及实现资源释放的 Dispose 方法。因为有了数据访问层的实现，这些方法大部分实现起来都比较简单，最复杂的就是返回类为业务实体类或业务实体类列表的几个方法，如 GetList 和 GetModel 方法，因为这些方法涉及了将数据访问层中返回的 DataTable 或 DataRow 中的数据转换到业务实体对象中的过程，具体的处理代码在前面两节已经详细分析过了，这里就不重复了。BookBorrowBLL 及 ExtensionApplyBLL 完整的代码实现请读者登录 www.broadview.com.cn，在"资源下载"区下载。

同样，VBookBorrowBLL 及 VExtensionApplyBLL 的实现方式与 VBookBLL 的实现方式是相同的，除了数据库连接对象及数据访问类型的初始化代码以及资源释放的代码以外，主要包含的方法就是判断数据是否存在的 ExistsWithParam 方法，以及用于查询并返回数据的 GetTable 及 GetList 方法。

上一章介绍图书借阅业务的数据访问层的实现时，曾经介绍过数据库事务相关的问题及实现，结合延期归还申请的处理了解了数据库事务的实现，所涉及的业务是如果同意借阅者的延期归还申请，则需要同时完成修改延期申请的状态以及图书借阅记录中的归还日期两步操作。实际上这两步操作分别要修改表 extensionApply 的字段 conclusion 的数据以及表 bookBorrow 的字段 returnTime 的数据，因此需要放到一个数据库事务中，以保证操作正确完成从而保证数据的一致性。下面再将处理过程的代码简单回顾一下，相信有了前面业务逻辑层的分析为基础，读者可以对这段代码有更深入的理解。在页面 AgreeApply.aspx 中实现 Page_Load 事件，代码如下：

```
protected void Page_Load(object sender, EventArgs e)
{
if (!string.IsNullOrEmpty(Request.QueryString["ID"]))
{
    SqlConnection conn = new SqlConnection(ApplicationConfig.Connection
String());
    conn.Open();
    SqlTransaction transac = conn.BeginTransaction();
    ExtensionApplyBLL bll = new ExtensionApplyBLL(conn, transac);
    BookBorrowBLL borrowBll = new BookBorrowBLL(conn, transac);
    try
    {
        ExtensionApplyModel model = bll.GetModel(Convert.ToInt32(Request.
QueryString["ID"]));
        if (model != null && model.Conclusion == 1)
        {
            model.Conclusion = 2;
            bll.UpdateRow(model);
            BookBorrowModel borrowModel = borrowBll.GetModel(model.BorrowID);
            borrowModel.ReturnTime = borrowModel.ReturnTime.AddMonths
(model.ExtensionType);
            borrowBll.UpdateRow(borrowModel);
        }
        transac.Commit();
        lblMessage.Text = "操作完成";
    }
    catch (Exception ex)
    {
        transac.Rollback();
        lblMessage.Text = "操作出错";
    }
    finally
    {
```

```
        conn.Close();
        transac.Dispose();
    }
}
```

整体的实现思路为：首先创建数据库连接对象和数据库事务对象，然后创建图书借阅及延期申请相关的业务逻辑类的实例，接着通过调用两个类中的方法实现相关的数据操作，并将这些方法的调用放入同一个数据库事务。关于这段代码的详细说明请参阅第12章中的讲解。

13.4 小结

本章围绕着图书分类、图书信息、图书借阅等几个核心业务详细地介绍了系统业务逻辑层的实现。业务逻辑类的整体结构与数据访问类的整体结构非常相似，包括了初始化及资源释放、查询数据的方法、以及用于新增、修改及删除数据的方法，而且这些方法都是通过调用数据访问层的方法实现的。在讲解的过程中还给读者演示了在界面层的实现中是如何调用这些业务逻辑方法的，这样读者就对一个功能是如何从界面层到业务逻辑层再到数据访问层的过程有了更加完整的认识。

在要开发的系统中，业务逻辑层主要包含了与业务功能相关的各种方法的实现，数据则是通过业务实体类或 DataTable 等在业务逻辑层与数据访问层之间、业务逻辑层与界面层之间进行传递的，业务逻辑类本身并不封装数据。当然这种结构并不是唯一的选择。另外一种可能的处理方式是在数据访问层及业务逻辑层之间传递数据时，采用类似系统中所实现的业务实体类，对数据库中的数据进行封装；而在业务逻辑层则实现更加复杂的业务实体类用于业务逻辑层向界面层的数据传递，这样的业务实体类中既包含了对数据的封装，又包含了对其他有业务关联的对象的引用，同时还包含了对数据进行操作的方法；从面向对象的角度分析这样的类型既包含了数据的定义也包含了对数据的操作，通常可以称这样的业务实体对象为域对象，而域对象的设计则是面向对象设计中很重要的一个工作。

第12章曾经提到不同的业务的数据访问类和业务逻辑类的实现具有很大的相似性，同时也根据这种相似性提供了代码自动生成工具，使用这个工具既可以生成数据访问层的基本代码，也可以生成业务逻辑层的基本代码。关于这个工具的使用读者可以参阅第12章中的说明。

第 14 章　界面层实现

本章将选择几个比较有代表性的界面，用来演示如何进行界面层的开发，读者可以跟随案例的开发进程，学习在界面层如何实现与逻辑层的信息交互及页面的呈现。

为了让读者实现由简到繁的案例学习，本章将实现最近图书列表功能、图书列表、延期借阅、添加修改图书和批准延期借阅。

14.1　最近图书列表功能

首先介绍首页的实现。首页是大多数用户浏览网站的第一个页面，而这时用户的状态基本都是未登录的，所以首页上的信息要求所有用户都有权限浏览，而且要简单明了，样式美观。因此在首页上放置最近图书列表，方便任何用户浏览。

14.1.1　最近图书列表界面开发

为了给借阅者最好的用户体验，即为其显示尽量完整的图书信息，这里采用 DataList 控件来实现最近图书列表功能。在前一个项目中学习过如何采用数据绑定的方式来实现该功能的开发，这里采用运行期绑定的方式（即在代码中绑定并设置 DataList 控件相关属性的方式）实现。

1．创建页面

在"解决方案管理"浮动窗体中的网站项目上，单击鼠标右键并选择"添加新项"菜单，在弹出"文件类型选择"对话框中选择"Web 窗体"类型，并为文件命名为"default.aspx"，设置该页面采用母版页，母版页与前一个项目相同。

2. 添加控件

将 DataList 控件拖放到刚创建的页面的内容区。

3. 编辑控件模板

单击 DataList 控件右上角小三角，在弹出的功能窗口上选择编辑模版，如图 14-1 所示。

图 14-1　DataList 配置

在模板上添加一个 table，在上面放一个 image，用来显示图片，单击该图片可以跳转到图书的详细信息页面，并指定宽度、高度；用 Eval 函数实现书名、作者、出版社等基本信息的呈现，模板界面编辑如图 14-2 所示。

图 14-2　DataList 模板配置

最终代码如下所示，可以在源代码状态下浏览。

```
<table border="0" cellpadding="0" cellspacing="0" class="album-frame">
    <tr>
        <td>
            <a   href='BookCatelog/ShowBookDetail.aspx?ID=<%#Eval("ID")  %>'
><img src='Handler.ashx?bookId=<%#Eval("ID") %>' alt = '<%#Eval("BookNm") %>'
height ="100px" width ="80px" /></a>
        </td>
```

```
     </tr>
     <tr>
        <td>
           书名：<%#Eval("bookNm") %>
        </td>
     </tr>
     <tr>
        <td>
           作者：<%#Eval("author") %>
        </td>
     </tr>
     <tr>
        <td>
           出版社：<%#Eval("publisher") %>
        </td>
     </tr>
</table>
```

4．编辑控件属性

为了使页面显示更合理，让这个 DataList 水平方向显示，并每行三列，所以设置 RepeatDirection 属性值为 Horizontal，RepertColumns 属性值为 3。

14.1.2　最近图书列表代码开发

使用三层结构开发，使界面层开发时的代码大幅减少，在图书列表实现中仅需要简单的几句代码就可以实现完整的功能，例如，在 Page_Load 方法中调用 BookBLL 对象，并执行该对象的 GetTable 方法获得最近图书的数据集，赋给 DataList 控件 Data Source 属性，然后调用 DataList 控件的 DataBind 方法，代码如下：

```
protected void Page_Load(object sender, EventArgs e)
{
    BookBLL bll = new BookBLL();
    this.DataList1.DataSource = bll.GetTable(9,"1=1 order by addDate desc");
    this.DataList1.DataBind();
}
```

其中 GetTable 方法第一个参数代表取出的条目最大数量，第二个参数是查询条件。

以上内容实现首页的最近图书列表功能的开发，运行这个页面，得到的效果如图 14-3 所示。

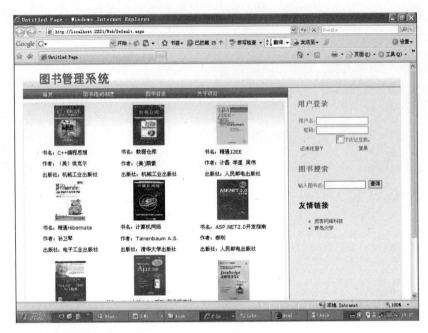

图 14-3　最近图书列表效果

14.2　图书列表功能

接下来实现图书列表功能。在前一个项目已经采用 GridView 控件实现了可以分页的图书列表，在本项目中，依然用 GridView 控件实现一个可以分页的图书列表，但是绑定和分页是用代码开发实现而不是采用数据绑定和控件属性配置的方式。

1．创建页面

选择在“BookCatelog”目录下创建 Web 文件，命名为“ShowBookList.aspx”。

2．添加 GridView 控件

将 GridView 控件拖放到刚创建的文件的内容区。

3．配置 GridView 控件

设置 GridView 控件允许分页，并配置呈现数据的绑定，代码如下：

```
<asp:GridView ID="bookList" runat="server" SkinID="contentList" AllowPaging
="True"  AutoGenerateColumns="False"  OnPageIndexChanging="bookList_PageIndex
Changing">
    <Columns>
```

```
            <asp:HyperLinkField HeaderText="书名" DataTextField ="bookNm"
DataNavigateUrlFields="ID"
DataNavigateUrlFormatString="~/BookCatelog/ShowBookDetail.aspx?ID={0}" />
            <asp:BoundField HeaderText ="出版社" DataField ="publisher" />
            <asp:BoundField HeaderText ="作者" DataField ="author"></asp:
BoundField>
            <asp:BoundField HeaderText ="出版日期" DataField ="publishDate"
DataFormatString="{0:d}"></asp:BoundField>
        </Columns>
    </asp:GridView>
```

4．代码绑定实现

从 BookBLL 对象中取合适的数据并绑定到 GridView 控件中，代码如下：

```
private void GridBind(int ID)
{
        BookBLL bll = new BookBLL();
        try
        {
            if (ID == 0)
            {
                this.bookList.DataSource = bll.GetList();
            }
            else
            {
                this.bookList.DataSource = bll.GetList("categoryID=" + ID.To
String());
            }
            this.bookList.DataBind();
        }
        finally
        {
            bll.Dispose();
        }
}
```

5．区分目录和查询情况

该页可能处理三种情况，其一全部图书；其二某个目录下的图书；其三用户输入条件搜索的图书，所以需要通过 Request 对象区分，代码如下：

```
private void LoadData()
{
```

```
            string strID = "";
            if (!string.IsNullOrEmpty(Request.QueryString["ID"]))
            {
                strID = Request.QueryString["ID"];
                int ID = 0;
                if (Int32.TryParse(strId, out ID))
                {
                    BookCategoryBLL categoryBll = new BookCategoryBLL();
                    try
                    {
                        if (categoryBll.Exists(ID))
                        {
                            BookCategoryModel categoryMode = categoryBll.GetModel(ID);
                            lblCatelog.Text = categoryMode.CategoryNm;
                            GridBind(ID);
                            return;
                        }
                    }
                    finally
                    {
                        categoryBll.Dispose();
                    }
                }
            }
            else if(!string.IsNullOrEmpty(Request.QueryString["name"]))
            {
                BookBLL bll = new BookBLL();
                try
                {
                    this.bookList.DataSource = bll.GetList("bookNm='" + Request.
QueryString["name"] + "'");
                    this.bookList.DataBind();
                }
                finally
                {
                    bll.Dispose();
                }
                return;
            }
            lblCatelog.Text = "全部图书";
            GridBind(0);
        }
```

6. 分页的实现

GridView 控件的代码方式绑定需要手动实现分页，不能与数据源绑定一样由控件自动完成，但实现的代码也比较简单。首先，需要创建响应 PageIndexChanging 事件的方法，并在响应事件的方法中添加如下代码。

```
this.bookList.PageIndex = e.NewPageIndex;
LoadData();
```

仅仅需要将 GridView 控件的 PageIndex 改变就实现了分页功能。

至此，图书列表功能开发基本结束，实际的运行效果，如图 14-4 所示。

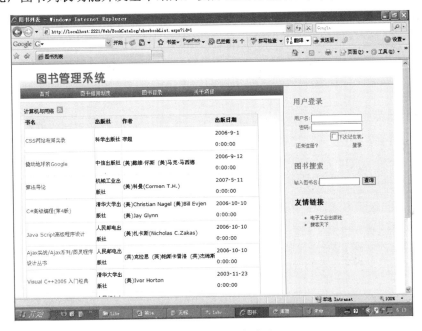

图 14-4　图书列表效果

> **注意**　本节的分页是将全部数据取出然后利用控件的分页功能自动分页，但在很多应用中，将所有数据取出来是效率非常低的行为，应该按照每次页面页数的不同，仅取出相应的数据，如何实现这个功能？这个就留给读者自行完成，作为对本项目的一个扩展。

14.3　延期借阅功能

在大多数图书借阅系统中，都实现了续借或延期借阅。如果用户借阅了书籍但到期时没有看完，就可以向管理员说明理由，申请延期还书，并等待管理员审批。

这里的实现方式是：用户登录后，有一个已借阅图书列表，在这个列表中，如果没有申请过延期的书可以申请延期还书，已经申请过的，则不能再申请了，且这时不显示"申请"按钮。当用户单击"申请"按钮时，弹出一个新窗口让用户输入申请单的内容，用户提交申请单后，关闭弹出的窗口，而此时图书的申请状态已经改变了，所以要重新刷新图书列表页面，以显示最新的状态，这就是数据更新后刷新。

要实现这个功能，涉及两个页面的开发，用户借阅列表页和图书延期申请页。

1．用户借阅申请页

（1）创建用户借阅列表页面：

选择在"User"目录下创建 Web 文件，命名为"BorrowBookList.aspx"。

（2）添加控件：

将 GridView 控件拖放到刚创建的文件的内容区。

（3）配置 GridView 控件属性：

设置一个模板列，在模板列中放置一个 Label 控件，然后绑定到数据源，GridView 控件的代码如下：

```
<asp:GridView ID ="gridview1" runat ="server" SkinID="contentList" AllowPaging ="True" AutoGenerateColumns="False" OnPageIndexChanging= "gridview1_PageIndex Changing" OnRowDataBound="gridview1_RowDataBound" >
        <Columns>
            <asp:HyperLinkField DataNavigateUrlFields="bookID" DataNavigateUrl FormatString="~/BookCatelog/ShowBookDetail.aspx?ID={0}"
                DataTextField="bookNm" HeaderText="书名" />
            <asp:BoundField DataField="borrowTime" HeaderText=" 借阅时间 " DataFormatString="{0:d}" HTMLEncode="False" />
            <asp:BoundField DataField="returnTime" HeaderText=" 还书时间 " DataFormatString="{0:d}" HTMLEncode="False" />
            <asp:TemplateField>
                <ItemTemplate>
                    <asp:Label ID="lblApply" runat="server"></asp:Label>
                </ItemTemplate>
            </asp:TemplateField>
        </Columns>
</asp:GridView>
```

（4）实现 DatagridView 控件的数据绑定：

这里选择绑定视图对象的数据，因为多个表中显示数据造成开发时比较麻烦，所以增加了视图对象。本项目从 **VBookBorrowBLL** 对象中获取数据，代码如下：

```
private void GridBind()
{
        VBookBorrowBLL bll = new VBookBorrowBLL();
        gridview1.DataSource = bll.GetList("userID='" + Membership.GetUser
().ProviderUserKey.ToString() + "' and isReturn=0");
        gridview1.DataBind();
}
```

（5）实现 RowDataBound 事件响应方法：因为要控制是否显示申请按钮，所以需要 DatagridView 控件的 RowDataBound 事件，这个事件在对行进行了数据绑定后激发，判断是否已经申请过延期，如果没有，给 Label 赋值为一个链接，它可以弹出一个 "图书申请单" 的对话框。代码如下：

```
protected void gridview1_RowDataBound(object sender, GridViewRowEventArgs e)
{
        if (e.Row.RowType == DataControlRowType.DataRow)
        {
            VBookBorrowModel model = (VBookBorrowModel)e.Row.DataItem;
            if (model.ExtensionID == 0)
            {
                ((Label)e.Row.FindControl("lblApply")).Text = "<a href=\"#\"
onclick=window.open('applyBill.aspx?borrowID="+model.ID+"');>申请</a>";
            }
        }
}
```

用户借阅列表页面基本开发完了，运行效果如图 14-5 所示。

2．图书延期申请页

（1）创建用户借阅列表页面：选择在 "User" 目录下创建 Web 文件，命名为 "ApplyBill.aspx"。

（2）添加控件：根据页面需要将相关控件添加到页面中，最终控件部分的代码如下：

图 14-5 用户借阅列表效果

```
<table >
  <tr>
    <td align ="center" colspan ="2">
        延期还书申请单
    </td>
  </tr>
  <tr>
    <td align ="right" >
        申请人：
    </td>
    <td>
        <asp:Label ID ="lblName" runat ="server"></asp:Label>
    </td>
  </tr>
  <tr>
    <td align ="right" >
        申请延期图书：
    </td>
```

```
            <td>
                <asp:Label ID ="lblBook" runat ="server"></asp:Label>
            </td>
        </tr>
        <tr>
            <td align ="right" >
                借阅时间:
            </td>
            <td>
                <asp:Label ID ="lblBorrowTime" runat ="server"></asp:Label>
            </td>
        </tr>
        <tr>
            <td align ="right" >
                应还时间:
            </td>
            <td>
                <asp:Label ID ="lblReturnTime" runat ="server"></asp:Label>
            </td>
        </tr>
        <tr>
            <td align ="right" >
                延期申请:
            </td>
            <td>
                <asp:RadioButtonList  ID ="rbtnTime"  runat ="server"  Repeat
Direction="Horizontal" >
                    <asp:ListItem Text ="一个月" Value ="1" Selected= "True">
</asp:ListItem>
                    <asp:ListItem Text ="两个月" Value ="2"></asp:ListItem>
                </asp:RadioButtonList>
            </td>
        </tr>
        <tr>
            <td align ="right" >
                延期原因:
            </td>
            <td>
                <asp:TextBox ID ="txtReason" runat ="server" WIDth ="300px" Height
="200px"></asp:TextBox>
```

```
            </td>
        </tr>
        <tr>
            <td align="center" colspan ="2">
                <asp:Button ID ="submit" Text ="申请" runat ="server" OnClick=
"submit_Click" />
                     
                <asp:Button ID ="cancel" Text ="取消" runat ="server" OnClick=
"cancel_Click" />
            </td>
        </tr>
    </table>
```

（3）实现提交事件的方法：根据传入的字符串，显示相应的内容，并由用户填写必要的信息，然后单击"保存"按钮。在保存之后，就可以实现数据更新后刷新。保存事件的代码如下：

```
    protected voID submit_Click(object sender, EventArgs e)
    {
        ExtensionApplyBLL bll = new ExtensionApplyBLL();
        ExtensionApplyModel model = new ExtensionApplyModel();
        model.ApplyDate = DateTime.Now;
        model.ApplyMark = txtReason.Text;
        model.BorrowID = Convert.ToInt32(Request.QueryString["borrowID"]);
        model.ExtensionType = Convert.ToInt32(rbtnTime.SelectedValue);
        model.UserID = (GuID)Membership.GetUser().ProvIDerUserKey;
        model.Conclusion = 1;
        bll.AddRow(model);
        bll.Dispose();

Response.Write("<script>opener.location.reload();this.close();</script>");
    }
```

这个事件的主要功能是把申请保存到数据库，请注意最后一句代码，这是向页面发送一段话，让页面执行这句 JavaScript 脚本，其中 opener.location.reload()就是刷新父页面，this.close()就是关闭当前页面。由此，就实现了数据更新后刷新。

如图 14-6 所示为图书延期申请功能的运行效果。

图 14-6　图书延期申请效果

14.4　添加修改图书功能

图书借阅系统中，图书信息的维护是重要环节，因为整个系统就是围绕用户和图书来操作的，下面就来介绍一下图书信息的维护。

14.4.1　添加修改页面复用的意义

图书信息的维护有添加和修改两种操作，对于这两种操作，可以分别创建两个页面，也可以把两种功能整合到一个页面中，到底应该选择哪一种呢？

下面分析一下两种功能：首先在页面上，两个功能所使用的控件基本是一致的，无论修改还是添加，都需要填写书号、书名、图书类别、作者等信息，唯一不同的是图书图片。在修改图书信息时，应该把已经添加的图片显示出来，而新建图书时因为还没有图片信息所以不需要这个控件。其次在代码实现上，保存时，都要把信息从页面上读出，写入到数据库，也并无太大区别，不同之处是修改信息时，要先把信息显示出来，用户提交后把信息更新；新建信息时，只需要把信息输入数据库即可。

由此可见，完全可以将修改和添加页面复用，这样做的好处是，首先可以减少开发工作量，因为只需要做一个页面即可；其次可以方便维护。试想，如果日后想在图书信息中加入图书价格这一项，如果分两个页，就要分别添加，如果漏掉一个或添加的信息不完全一致，就会使程序出错。

综上所述，这里决定在本系统开发中，把添加和修改图书进行页面复用。

14.4.2　实现方法

1．创建用户借阅列表页面

选择在“Admin”目录下创建 Web 文件，命名为 “AddBook.aspx”。

2．添加控件

类似于前一个项目，将控件添加到界面中，代码如下：

```
<table>
    <tr>
        <td >书号</td><td>
            <asp:TextBox ID="txtbookID" runat="server"></asp:TextBox> </td>
    </tr>
    <tr>
        <td>图书名称</td><td>
            <asp:TextBox ID="txtbookNm" runat="server"></asp:TextBox> </td>
    </tr>
    <tr>
        <td > 图 书 类 别 </td><td><asp:DropDownList  ID="ddbookcategory"
runat="server"></asp:DropDownList></td>
    </tr>
    <tr>
        <td >出版社</td><td>
          <asp:TextBox ID="txtpublisher" runat="server"></asp:TextBox> </td>
    </tr>
    <tr>
        <td >作者</td><td>
            <asp:TextBox ID="txtauthor" runat="server"></asp:TextBox> </td>
    </tr>
    <tr>
        <td >出版日期</td><td>
            <asp:Calendar ID="Calendar1" runat="server"></asp:Calendar>
        </td>
    </tr>
    <tr>
        <td>
```

```
        </td>
        <td>
            <asp:Image ID="Image1" runat="server" /></td>
    </tr>
        <tr>
            <td >图书图片</td><td>
                <asp:FileUpload ID="uploadFile" runat="server" /></td>
        </tr>
        <tr>
            <td>图书数量</td><td><asp:TextBox ID="txtbooknum" runat= "server">
</asp:TextBox></td>
        </tr>
        <tr>
            <td> 图 书 介 绍 </td><td><asp:TextBox  ID="txtbookNote"  TextMode=
"MultiLine" runat="server" Height="69px"></asp:TextBox></td>
        </tr>
        <tr>
            <td colspan="2" style="text-align: center">
                <asp:Button ID="btnAdd" runat="server" OnClick="btnAdd_Click"
Text="保存" />
                <asp:Button ID="btncancle" runat="server" Text="取消" /></td>
        </tr>

    </table>
```

3. 实现控件的数据源绑定

首先绑定图书类别控件，把数据库中所有的图书类别绑定到 DropdownList 控件上，实现其功能，代码如下：

```
    private voID BindCategory()
    {
        BookCategoryBLL categorybll = new BookCategoryBLL();
        List<BookCategoryModel> listcategory = categorybll.GetList();
        foreach (BookCategoryModel model in listcategory)
        {
            ListItem item = new ListItem(model.CategoryNm, model.ID.ToString
());
            this.ddbookcategory.Items.Add(item);
        }
        this.ddbookcategory.DataBind();
        categorybll.Dispose();
    }
```

4．判断添加图书还是修改图书

根据是否传入 BookID 来判断是否修改图书信息，如果有 BookID，则修改图书，接着调用 LoadEditData 方法读取这条图书信息并显示出来；如果没有 BookID，则是新建图书，将显示图书图片的 Image 控件设置为不可见，Page_Load 事件的代码如下：

```
protected voID Page_Load(object sender, EventArgs e)
{
    if (!IsPostBack)
    {
        BindCategory();
        if (!string.IsNullOrEmpty(Request.QueryString["bookID"]))
        {
            LoadEditData();
        }
        else
        {
            Image1.Visible = false;
        }
    }
}
```

5．绑定图书信息

读取图书信息的 LoadEditData 方法的代码如下：

```
private voID LoadEditData()
{
    BookBLL bll=new BookBLL();
    BookModel model = bll.GetModel(Convert.ToInt32(Request.QueryString
["bookID"]));
    txtbookNm.Text = model.BookNm;
    txtbookID.Text = model.BookNo;
    txtpublisher.Text = model.Publisher;
    txtauthor.Text = model.Author;
    txtbooknum.Text = model.BookNumber.ToString();
    txtbookNote.Text = model.BookDescription;
    Image1.ImageUrl = "~/Handler.ashx?bookID="+model.ID;
    Calendar1.TodaysDate= Calendar1.SelectedDate = model.PublishDate;
    ddbookcategory.SelectedValue = model.CategoryID.ToString();
    bll.Dispose();
}
```

6．实现图书保存操作

用户单击"提交"按钮后要根据是否传入 BookID 来判断是否修改图书信息，然后从页面上把数据读出，最后决定调用 AddRow 方法新建图书或调用 UpdateRow 方法更新图书，代码如下：

```
protected voID btnAdd_Click(object sender, EventArgs e)
{
    bool isEdit = false;
    BookBLL bookbll = new BookBLL();
    BookModel bookmodel = new BookModel();
    if (!string.IsNullOrEmpty(Request.QueryString["bookID"]))
    {
        isEdit = true;
    }
    if (isEdit)
    {
        bookmodel = bookbll.GetModel(Convert.ToInt32(Request.QueryString
["bookID"]));
    }
    bookmodel.BookNm = txtbookNm.Text;
    bookmodel.BookNo = txtbookID.Text;
    bookmodel.CategoryID = Convert.ToInt32(ddbookcategory.Selected Value);
    bookmodel.Publisher = txtpublisher.Text;
    bookmodel.Author = txtauthor.Text;
    bookmodel.AddDate = DateTime.Now;
    bookmodel.BookNumber = int.Parse(txtbooknum.Text);
    bookmodel.BookDescription = txtbookNote.Text;
    bookmodel.PublishDate = Calendar1.SelectedDate;
    int bookID = 0;
    if (isEdit)
    {
        bookID = Convert.ToInt32(Request.QueryString["bookID"]);
        bookbll.UpdateRow(bookmodel);
    }
    else
    {
        bookID = bookbll.AddRow(bookmodel);
    }
    if (uploadFile.PostedFile.FileName != "")
    {
        BookImageModel imageModel = new BookImageModel();
        imageModel.BookID = bookID;
        int imageLength = uploadFile.PostedFile.ContentLength;
```

```
        Stream stream = uploadFile.PostedFile.InputStream;
        byte[] buf = new byte[imageLength];
        int i = stream.Read(buf, 0, imageLength);
        imageModel.BookImg = buf;
        BookImageBLL imageBll = new BookImageBLL();
        if (isEdit && imageBll.ExistsWithParam("bookID=" + bookID.
ToString()))
        {
            imageBll.UpdateRow(imageModel);
        }
        else
        {
            imageBll.AddRow(imageModel);
        }
        imageBll.Dispose();
    }

    bookbll.Dispose();
}
```

其中，针对上传图片从 FileUpload 控件读出上传流和上传文件的大小，然后定义一个词大小的 Byte 数组，并且把这个流的内容读入此 Byte 数组中，再把这个 Byte 数组存入数据库，在数据库中这个字段是 Image 类型。

这样图书添加修改功能页就完成了，运行界面如图 14-7 所示。

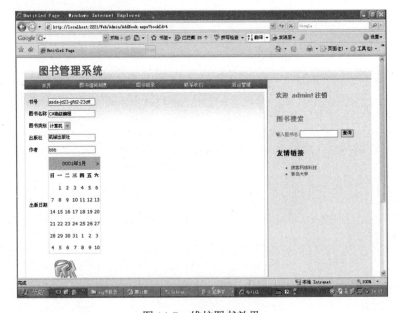

图 14-7 维护图书效果

14.5　批准延期借阅功能

上一节介绍了读者延期借阅的实现，相应地，管理员可以对延期借阅进行批准或不批准，批准延期借阅的界面开发类似于读者延期借阅实现的细节就不详细讲解了，下面详细介绍一下本功能中数据库事务的开发细节。

14.5.1　数据库事务的意义

事务的处理是原子性的，即是不可分割的，在对数据库进行操作的时候，要么全部执行，要么全部失败，它不可能只执行一部分操作，如果一个功能要对数据库进行多步操作，应该使用事务。

使用事务在许多操作中具有重要的意义，例如，在银行进行转账操作，把钱从 A 转到 B，有两个步骤：A 的钱减少，B 的钱增加，这两步操作就要求要么全部执行要么全部失败。如果第一步成功了，第二步失败了，就应该将事务回滚，让第一步也失效，否则就会产生问题，若第二步也成功了，才把事务提交。

14.5.2　实现数据库事务的方法

在管理员批准延期借阅的操作中，也使用了事务。因为批准延期借阅有两个步骤：第一步，在延期申请表中，标识同意延期；第二步，在图书借阅表中，将应还书时间延期到新的应还书时间，这两步操作也是原子性的。实现代码如下：

```
SqlConnection    conn  =   new   SqlConnection(ApplicationConfig.Connection
String());
conn.Open();
SqlTransaction transac = conn.BeginTransaction();
ExtensionApplyBLL bll = new ExtensionApplyBLL(conn, transac);
BookBorrowBLL borrowBll = new BookBorrowBLL(conn, transac);
try
{
ExtensionApplyModel    model   =     bll.GetModel(Convert.ToInt32(Request.
QueryString["ID"]));
if (model != null && model.Conclusion == 1)
{
    model.Conclusion = 2;
    bll.UpdateRow(model);
```

```
        BookBorrowModel borrowModel = borrowBll.GetModel(model.BorrowID);
        borrowModel.ReturnTime    =    borrowModel.ReturnTime.AddMonths(model.
ExtensionType);
        borrowBll.UpdateRow(borrowModel);
    }
    transac.Commit();
    lblMessage.Text = "操作完成";
    }
    catch (Exception ex)
    {
    transac.Rollback();
    lblMessage.Text = "操作出错";
    }
    finally
    {
    conn.Close();
    transac.Dispose();
    }
```

首先打开数据库连接，然后用它连接一个事务，使用语句 SqlTransaction transac = conn.BeginTransaction()；然后在使用业务逻辑层的时候，把这个连接和事务作为构造函数的参数传入，进行相应的操作，注意这里把这些操作放在 try 代码块中，操作完成后调用 transac.Commit()方法把事务提交，完成操作；如果中间出错，进入 catch 代码块，就要调用 transac.Rollback()方法将事务回滚，以取消所有的操作。最后关闭数据库连接，完成所有操作。

14.6 缓存应用

ASP.NET 使用两种基本的缓存机制来提供缓存功能；第一种机制是应用程序缓存，它允许缓存生成数据，如 DataSet 或自定义报表业务对象；第二种机制是页输出缓存，它保存页处理输出，并在用户再次请求该页时，重用所保存的输出，而不是再次处理该页。

缓存机制的目的在于复用数据的访问和逻辑操作甚至界面的处理，应用程序缓存显然是复用了数据的访问，而页输出缓存复用了数据访问、逻辑操作和界面处理，从这个意义上来说，对系统性能而言，页输出缓存对系统的优化要好于应用程序缓存，那为什么还要存在应用程序缓存呢？原因是复用的力度问题。例如图书管理系统中，学院和班级是不经常变化的，因而可以将其复用，将数据取出放入应用程序缓存，借阅者添加或修改自己的用户信息时，学院和班级就无须每次从数据库查询取出了，这样的需求能用页输出缓存来实现吗？当然不能，否则，每个借阅者的信息都是相同的了。

下面分别介绍两种缓存机制在本项目开发中的应用。

14.6.1　应用程序缓存

在项目开发中，总有些类型的数据不会经常更新，例如，图书管理系统中的学院、班级、图书目录，以及配置在 XML 中的系统运行参数等。对于这些不经常更新的数据，每次使用的时候都要访问一次数据源，显然会浪费很多的时间，特别是应用程序运行所占用的计算机的内存越来越大的时候，尤其需要一种以内存换性能的机制，以减少用户等待时间。因此，应用程序缓存应运而生。

ASP.NET 的应用程序缓存由 Cache 类实现，缓存实例是每个应用程序专用的，不能跨应用程序访问应用程序缓存。缓存生存期依赖于应用程序的生存期，重新启动应用程序后，将重新创建 Cache 对象。

Cache 类以键/值对的方式存储应用数据，可以方便地通过键进行添加、查找和移除操作。

应用程序缓存可以设置缓存过期时间，便于及时释放内存资源，并且，当缺乏系统内存时，缓存会自动移除很少使用或优先级较低的项以释放内存。

下面来详细了解一下 Cache 类开发的实例。

就将应用程序缓存用在借阅者信息维护界面中的与"学院"进行数据绑定的控件的改进，让应用程序具有更好的性能。

打开 UserInfo.aspx 的代码页，将 BindInitData 方法下的代码修改如下：

```
if (Cache["College"] == null)
{
    CollegeBLL collegeBll = new CollegeBLL();
    try
    {
        Cache["College"] = collegeBll.GetTable();
    }
    finally
    {
        collegeBll.Dispose();
    }
}
ddlCollege.DataSource = (DataTable)Cache["College"];
ddlCollege.DataTextField = "collegeNm";
```

```
ddlCollege.DataValueField = "ID";
ddlCollege.DataBind();
ChangeClassBind(ddlCollege.SelectedValue);
```

这样缓存就应用到系统中了。其实现很简单，只需要判断 Cache 是否存在，不存在就创建，使用的时候做一下类型转换即可。

如果希望缓存在十分钟内有效，十分钟后就自动失效，将前面的代码改动如下：

```
if (Cache["College"] == null)
{
        CollegeBLL collegeBll = new CollegeBLL();
        try
        {
            Cache.Insert("College", collegeBll.GetTable(), null, DateTime.
Now.AddMinutes(10d), System.Web.Caching.Cache.NoSlIDingExpiration);
        }
        finally
        {
            collegeBll.Dispose();
        }
}
ddlCollege.DataSource = (DataTable)Cache["College"];
ddlCollege.DataTextField = "collegeNm";
ddlCollege.DataValueField = "ID";
ddlCollege.DataBind();
ChangeClassBind(ddlCollege.SelectedValue);
```

上面代码使用了 Cache 类的 Insert 方法设定了 Cache 的时效时间为创建后十分钟。

创建和使用应用程序缓存已经演示了，下面再学习移除缓存的方法，代码如下：

```
Cache.Remove("College");
```

14.6.2　页输出缓存

页输出缓存将处理后的 ASP.NET 页的内容存储在内存中，这一机制允许 ASP.NET 向客户端发送页响应，而不必再次经过页处理生命周期。页输出缓存对于那些不经常更改，但需要大量处理才能创建的页特别有用。例如图书类别目录页面，图书类别在图书系统上线后几乎不会变更，所以可以设置为该页面设置输出缓存。

页输出缓存提供了两种页缓存模型：部分页缓存和整页缓存。部分页缓存允许缓存页的部分内容，其他部分则为动态内容；整页缓存允许将页的全部内容保存在内存中，并用于完成客户端请求。

1. 部分页缓存

有时缓存整个页是不现实的，因为页的某些部分可能在每次请求时都需要更改。这时，只能缓存页的一部分。执行此操作有控件缓存和缓存后替换两个选项。

在控件缓存（也称为片段缓存）中，可以通过创建用户控件来包含缓存的内容，然后将用户控件标记为"可缓存"来缓存部分页输出。

缓存后替换与控件缓存正好相反。它对页进行缓存，但是页中的某些片段是动态的，因此不会缓存这些片段。

缓存后替换过于复杂并且应用不多，因此下面仅介绍控件缓存的用法。

使用控件缓存理想的情况是将控件封装到用户控件中，然后再设置这个控件的缓存。

（1）创建用户控件：添加新项，选择"Web 用户控件"，并命名为"BookTree.ascx"，添加 TreeView 控件。

（2）添加命名控件定义，代码如下：

```
using LIBRARYMSBLL;
using System.Collections.Generic;
using LIBRARYMSModel;
```

（3）把如下代码添加到 Page_Load 方法中。

```
BookCategoryBLL bll = new BookCategoryBLL();
List<BookCategoryModel> list = bll.GetList();
TreeNode nodeAll = new TreeNode("全部图书", "All", "", "showbookList.aspx", "");
foreach (BookCategoryModel model in list)
{
        TreeNode node = new TreeNode(model.CategoryNm, model.ID.ToString(),
"", "showbookList.aspx?ID=" + model.ID.ToString(), "");
        nodeAll.ChildNodes.Add(node);
}
treeViewBook.Nodes.Add(nodeAll);
bll.Dispose();
```

（4）添加缓存声明：添加到 BookTree.ascx 文件的第二行。代码如下：

```
<%@ OutputCache Duration="120" VaryByParam="None"%>
```

（5）修改图书目录页面：删除图书目录页面的 TreeView 控件和数据绑定代码，拖入用户控件。

这样控件缓存就实现完成了。在用户控件的 Page_Load 方法中增加断点，并运行，就会发现在多次访问中，断点只有第一次触发，也就是实现了自动从服务器内存中输出到页面。

2. 整页缓存

有了控件缓存的经验，整页缓存就比较容易实现了，在图书目录页面的头部信息中增加如下代码：

```
<%@ OutputCache Duration="120" VaryByParam="None"%>
```

页输出缓存使用@OutputCache 来声明，接下来了解一下@OutputCache 的用法。完整的缓存的设置代码如下：

```
<%@ OutputCache Duration="#ofseconds"
Location="Any | Client | Downstream | Server | None |
 ServerAndClient "
Shared="True | False"
VaryByControl="controlname"
VaryByCustom="browser | customstring"
VaryByHeader="headers"
VaryByParam="parametername"
CacheProfile="cache profile name | ''"
NoStore="true | false"
SqlDependency="database/table name pair | CommandNotification"
%>
```

其属性代表的意思如表 14-1 所示。

表 14-1 属性说明

属 性 名	说 明
Duration	页或用户控件进行缓存的时间（以秒计）。在页或用户控件上设置该属性为来自对象的 HTTP 响应建立了一个过期策略，并将自动缓存页或用户控件输出
Location	为缓存页面输出指定一个有效的位置，该属性的值是"Any｜Client｜Downstream｜Server｜None｜ServerAndClient"之一
CacheProfile	与该页关联的缓存设置的名称。这是可选属性，默认值为空字符 ("")。控件缓存不支持该属性
NoStore	一个布尔值，它决定了是否阻止敏感信息的二级存储。控件缓存不支持该属性
Shared	一个布尔值，确定用户控件输出是否可以由多个页共享。默认值为 false。整页缓存不支持该属性
SqlDependency	表示对一个给定的 SQL Server 数据库的指定表的一个依赖对象
VaryByCustom	表示自定义输出缓存要求的任意文本
VaryByHeader	分号分隔的 HTTP 标头列表，用于使输出缓存发生变化。控件缓存不支持该属性
VaryByParam	用分号间隔的字符串列表，表示 Get 或 Post 的参数
VaryByControl	一个分号分隔的字符串列表，用于更改用户控件的输出缓存。这些字符串代表用户控件中声明的 ASP.NET 服务器控件的 ID 属性值

14.6.3　缓存的依赖

前面讲过，缓存是为了复用那些不经常更新的数据和页面而设计的，虽然这些数据或页面不经常更新，但是一旦更新了，将如何告诉系统让缓存的数据和页面也更新呢？这就需要了解本节所讲的缓存的依赖。

在 ASP.NET 的应用程序开发中缓存的生存期可以被配置为依赖于其他应用程序元素，如某个文件或数据库。当缓存项依赖的元素更改时，ASP.NET 将从缓存中移除该项。

1．ASP.NET 缓存支持的依赖项

（1）键依赖项。应用程序缓存中的项存储在键/值对中。键依赖项允许项依赖于应用程序缓存中另一项的键。如果移除了原始项，则具有键依赖关系的项也会被移除。

（2）文件依赖项。缓存中的项依赖于外部文件。如果该文件被修改或删除，则缓存项也会被移除。

（3）SQL 依赖项。缓存中的项依赖于 Microsoft SQL Server 2005、SQL Server 2000 或 SQL Server 7.0 数据库中表的更改。

（4）聚合依赖项。通过使用 AggregateCacheDependency 类缓存中的项依赖于多个元素。如果任何依赖项发生更改，该项都会从缓存中移除。

（5）自定义依赖项。可以用自己的代码创建的依赖关系来配置缓存中的项。

2．SQL 依赖项

SQL 依赖项是针对 SQL Server 数据库的、利用数据侦测技术实现的缓存依赖项，它支持 SQL Server 7.0 以上的版本，但对于 SQL Server 7.0、SQL Server 2000 与 SQL Server 2005 实现的数据侦测技术不同。

（1）SQL Server 7.0 和 SQL Server 2000 的缓存依赖项实现了一个轮询模型。ASP.NET 进程内的一个线程会以指定的时间间隔轮询 SQL Server 数据库，以确定数据是否已更改。如果数据已更改，缓存依赖项便会失效，并从缓存中移除。可以在 web.config 文件中以声明方式指定应用程序中的轮询间隔，也可以使用 SqlCacheDependency 类以编程方式指定此间隔。为了在 SQL Server 7.0 和 SQL Server 2000 中使用 SQL 缓存依赖项，必须先将 SQL Server 配置为支持缓存依赖项。ASP.NET 提供了一些实用工具，可用于配置 SQL Server 上的 SQL 缓存，其中包括一个名为 AspNET_regsql.exe 的工具和 SqlCacheDependencyAdmin 类。

（2）SQL Server 2005 为缓存依赖项实现的模型不同于 SQL Server 7.0 和 SQL

Server 2000 中的缓存依赖项模型。在 SQL Server 2005 中，不需要执行任何特殊的配置步骤来启用 SQL 缓存依赖项；此外，SQL Server 2005 还实现了一种更改通知模型，可以向订阅了通知的应用程序服务器发送通知，而不是依赖早期版本的 SQL Server 中必需的轮询模型。SQL Server 2005 缓存依赖项在接收通知的更改类型方面更具灵活性。SQLServer 2005 监控对特定 SQL 命令的结果集的更改，如果数据库中发生了将修改该命令的结果集的更改，依赖项便会使缓存的项失效。

本书项目系统是采用 SQL Server 2005 开发的，所以，下面用实例讲解如何实现基于 SQL Server 2005 数据库的缓存依赖项应用。

在使用应用程序缓存的实例中，如果数据库中"学院"表中的数据产生了改变，只有等缓存的失效期到了才能在系统中体现来，如何让数据在变化时及时更新，这就需要使用 SqlCacheDependency 实现缓存依赖，原来的代码如下：

```
Cache.Insert("College", collegeBll.GetTable(), null, DateTime.Now.
AddMinutes(10d), System.Web.Caching.Cache.NoSlIDingExpiration);
```

将其替换为：

```
SqlCommand sqlcommand = new SqlCommand("select * from College", collegeBll.
Connection);
SqlCacheDependency sqlcd = new SqlCacheDependency(sqlcommand);
Cache.Insert("College", collegeBll.GetTable(), sqlcd);
```

针对使用 SqlDataSource 控件绑定的数据集的数据缓存应用比较简单，只需要告诉 SqlCacheDependency 类需要检测的数据库和表就可以了。

缓存的应用就介绍到这里了，还有很多缓存的应用场景和解决方案需要读者在以后的开发中自己去分析解决。

14.7　小结

本章介绍了本系统在界面层的实现，可以看到使用了三层架构的程序在界面层的实现很简单，因为数据库的处理都在数据处理层进行了操作，从而开发者可以把更多的精力放在页面的美化上。

第 15 章　项目增强功能扩展

本章将扩展图书管理项目的基本功能，为读者展示非数据库方面的 Web 项目的开发应用。

15.1　RSS 实现

RSS（Really Simple Syndication）是一种描述和同步网站内容的格式，是目前使用最广泛的 XML 应用。RSS 搭建了一个信息迅速传播的技术平台，使得每个人都成为潜在的信息提供者。发布一个 RSS 文件后，这个 RSS Feed 中包含的信息就能直接被其他站点调用，而且由于这些数据都是标准的 XML 格式，所以也能在其他的终端和服务中使用。

Web 网站聚合就是一种使用 XML 来共享数据的范例，在新闻站点和网志中经常可以看到。采用 Web 网站聚合技术，网站能用 XML 格式的 Web 可访问的聚合文件来发布最新内容。网站使用的聚合格式有很多种，其中最流行的一种格式就是 RSS 2.0。

RSS 应用到图书关系项目中的实际意义在于：可以发布不同目录图书的 RSS，供借阅者订阅，如果该目录增加新的图书后，订阅者会在第一时间得到更新信息，并可以导航到具体图书页，从而方便了借阅者对分类图书的关注。

15.1.1　RSS 格式介绍

RSS 2.0 的根元素是<rss>元素，这个元素可以有一个版本号的属性，示例如下：

```
<rss version="2.0">
...
</rss>
```

<rss>元素只有一个子元素<channel>，用来描述聚合的内容。在<channel>元素里面有三个必需的子元素，用来描述 Web 站点的信息。这三个元素如下：

title——定义聚合文件的名称，一般来说，还会包括 Web 站点的名称；

link——Web 站点的 URL；

description——Web 站点的一段简短的描述。

除此之外，还有一些可选元素用来描述站点信息。这些元素的更多信息请参阅 RSS 2.0 规范。

每一个项目放在一个单独的<item>元素中。<channel>元素可以有任意数量的<item>元素。每个<item>元素可以有多种子元素，唯一的要求是最少必须包含<title>元素和<description>元素，其中一个作为子元素。<item>子元素有 title——标题、link——URL、description——大纲、author——作者、pubDate——发布日期。

下面举一个例子来详细说明一下 RSS 的格式，代码如下：

```
<rss version="2.0">
<channel>
<title>Book</title>
<link>HTTP://localhost/book.aspx</link>
<item>
<title> ASP.NET 高级编程</title>
<description>
电子工业出版社出版 面向专业开发人员的编程图书
</description>
<link>HTTP://localhost/book.aspx?ID=book1</link>
<pubDate>Mon, 20 Jul 2007 12:00:00 GMT</pubDate>
</item>
<item>
<title>Web 项目实战详解</title>
<description>
    电子工业出版社出版 面向初学者的编程图书
</description>
<link>HTTP://localhost/book.aspx?ID=book2</link>
<pubDate>Mon, 20 Jul 2007 12:00:00 GMT</pubDate>
</item>
</channel>
</rss>
```

15.1.2　图书列表 RSS 实现

接下来，在图书管理系统中增加 RSS 的应用。图书列表是用户经常需要浏览的，如何让用户及时知晓各个分类下最新的图书？可以使用 RSS 按下面的步骤来实现。

1. 创建文件并添加代码

在解决方案管理器的 BookCatelog 目录上单击鼠标右键，选择"添加新项"，在项目选择中选择"一般处理程序"，并命名为"RSS.ashx"，打开文件，将如下代码添加到文件中。

```csharp
<%@ WebHandler Language="C#" Class="RSS" %>
using System;
using System.Web;
using LIBRARYMSBLL;
using LIBRARYMSModel;
using System.Collections.Generic;
using System.Text;

public class RSS : IHTTPHandler {

  public void ProcessRequest (HTTPContext context) {
    context.Response.ContentType = "text/plain";
    int ID = 0;
    if (!string.IsNullOrEmpty(context.Request.QueryString["ID"]))
    {
        ID = int.Parse(context.Request.QueryString["ID"]);
    }
    List<BookModel> listBook;
    BookBLL bll = new BookBLL();
    try
    {
        if (ID == 0)
        {
            listBook = bll.GetList();
        }
        else
        {
            listBook = bll.GetList("categoryID=" + ID.ToString());
        }
        context.Response.Write(GetRSS(listBook));
    }
    finally
    {
```

```
                bll.Dispose();
        }
    }

    private string GetRSS(List<BookModel> listBook)
    {
        StringBuilder strCode = new StringBuilder();
        strCode.Append("<?XML version=\"1.0\" encoding=\"utf-8\" ?>\r\n");
        strCode.Append("<rss version='2.0' XMLns:dc=\"HTTP://purl.org/dc /elements
/1.1/\">\r\n");
        strCode.Append("<channel>\r\n");
        strCode.Append("<title>图书管理系统-图书列表</title>\r\n");
        strCode.Append("<link>Rss.aspx</link>\r\n");
        strCode.Append("<description>图书管理系统-图书列表</description>\r\n");

        foreach (BookModel book in listBook)
        {
            strCode.Append("<item>\r\n");
            strCode.Append("<title>" + book.BookNm + "</title>\r\n");
            strCode.Append("<link>ShowBookDetail.aspx?ID=" + book.ID + "</link>
\r\n");
            strCode.Append("<subject>"  +  book.BookDescription  +  "</subject>
\r\n");
         strCode.Append("<description>"+book.BookDescription+"</description>
\r\n");
            strCode.Append("<PubDate>"  +  book.PublishDate.ToString("yyyy-MM-dd
HH:mm") + "</PubDate>\r\n");
            strCode.Append("<category>" + book.CategoryID + "</category>\r\n");
            strCode.Append("</item>\r\n");
        }
        strCode.Append("</channel>\r\n");
        strCode.Append("</rss>\r\n");
        return strCode.ToString();
    }

    public bool IsReusable {
        get {
            return false;
        }
    }
}
```

根据 URL 传递的目录，选择该目录的图书，并循环图书填充字符串生成 RSS 内容，最后将 RSS 内容输出到浏览器中，效果如图 15-1 所示。

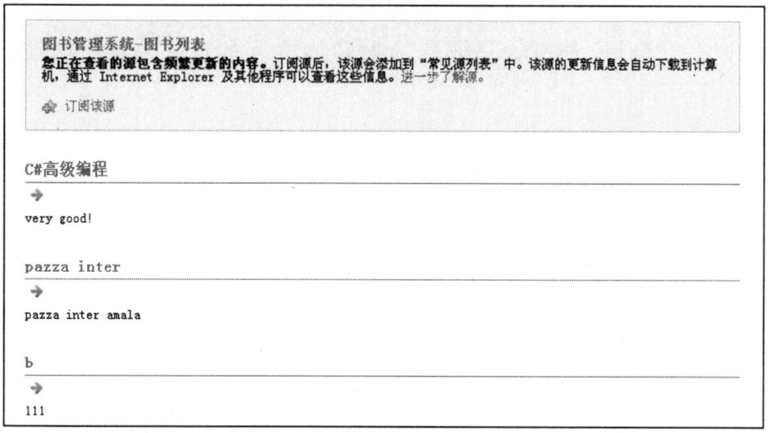

图 15-1　RSS 内容输出

2．在界面中添加 RSS 引用

打开 ShowBookList.aspx 页面，在 Label 控件后面增加如下代码。

```
<a href="RSS.ashx?ID=<%=strID%>"><asp:Image SkinID="RssImage" ID="RssImage"
runat="server"/></a>
```

在代码中增加公共变量，代码如下：

```
public string strID = "";
```

将 LoadData 方法中 "string strID = "";" 代码去掉。

这样 RSS 的开发就完成了。

15.2　全文索引方式搜索书籍

随着计算机技术和因特网技术的飞速发展，要处理的信息量急剧增长，如何在浩瀚的网络世界中寻找需要的信息？作为现代信息获取的主要途径，搜索引擎是必不可少的，通常所使用的 Google 和 Baidu 便是搜索引擎的典型代表。设想一下，如果网站拥有百万级以上的数据量，而用户查询这些数据的需求又不仅是以书名和书籍编号等固定关键字为条件的查询，更多的时候，可能是以一些模糊的信息作为查询条件，例如，某用户只记得书的简介里的一个词语，如果他想以这个作为查询条件，显然在如此大的数据量面前，拥有强大存储功能的数据库系统就很难做到了，或者说效率会十分低下。在这种时候，就应该使用全文索引技术来实现。

现在，计算机界比较成熟并且是开源免费的全文索引系统首推 Lucene。

Lucene 是一个支持全文索引的开源工具包，可以对任何数据做索引和搜索。Lucene 不管数据源是什么格式，只要它能被转为文字的形式，就可以被 Lucene 所分析利用。

Lucene 在 .NET 下实现的项目是 Lucene.NET，用户需要在 http://incubator.apache.org/lucene.net/网站中下载 Lucene.NET 的程序集，然后将其在项目中引用。

Lucene.NET 实现了简单的 API，方便开发全文检索的应用。为什么需要用 Lucene.NET 来实现全文索引，数据库中不是有 like 方式可以模糊查询吗？Lucene.NET 实现的全文索引和数据库的实现是有很大差异的，数据库索引不是为全文索引设计的，因此，使用 like "%keyword%"时，数据库索引是不起作用的，在使用 like 查询时，搜索过程需要一条记录一条记录地遍历，所以对于含有模糊查询的数据库服务来说，like 对性能的危害是极大的，在大数据量的应用中是不被提倡的。图书管理系统中的图书数据量会很大，所以原来项目设计的图书查询效率会有问题。而 Lucene 是针对全文索引设计的，它们的索引是使用倒索引，使用索引的词和查询条件匹配，可以实现更灵活和模糊层次更高的应用。它们的差异之处如表 15-1 所示。

表 15-1 Lucene 和数据库比较

项 目	Lucene	数 据 库
索引	将信息都通过全文索引——建立反向索引	对于 like 查询来说，无法使用数据库索引
匹配效果	可以根据分词实现精确匹配，并且支持各种字符集	无法分析分词信息，仅仅通过字符串比较的结果
匹配度	有匹配度算法，可以选择将匹配程度（相似度）比较高的结果排在前面	无法实现匹配度算法，只能选择按照数据库索引或者排序字段排序
可定制性	具有灵活的可定制性，可以实现自己的分析、过滤、查询等算法，并附加到索引中	无法实现可定制性开发
适合应用	模糊查询，全文检索等	事务性、关联性数据的存储和操作

下面来学习 Lucene.NET 的开发知识。

1．Lucene 开发的命名空间

（1）Lucene.NET.Index 用于操作索引文件的命名空间，对索引文件的读写操作都需要引用该命名空间。

（2）Lucene.NET.Documents 索引文件存放数据的数据结构定义命名空间，包含 Document 这个索引的主要数据类型。

（3）Lucene.NET.Analysis 文本分析类型的命名空间，包含系统内置的各类文本分析模型，对应着各类的分析应用。

（4）Lucene.NET.Search 包含查询方法和查询结果的命名空间，对索引文件的查询和结果反馈以及排序和记分算法等都包含在这个命名空间中。

（5）Lucene.NET.QueryParsers 包含 QueryParser 这个适用于用户输入查询的类的实现。

2．Lucene 的主要开发对象

（1）Document：Document 是 Lucene 库中的一个很重要的类，可以把这个对象看做是一些需要索引信息的单元，类似于数据库中的一张表，当然这么说是不对的，但可以这样来理解，只有将信息构建成 Document 对象，才能被 Lucene 索引。Document 包含 Field 的集合，创建一个 Document 对象的代码如下：

```
Document doc = new Document();
doc.Add(new Field("BookNm","ASP.NET 开发技术", Field.Store.YES, Field.Index.NO));
```

Field 类的构造函数由 4 部分组成：field 对象的名称；对应的值；是否存储（Field.Store 的枚举包含三个类型，分别是 NO——不存储；YES——存储；COMPRESS——以压缩的方式存储）；是否索引（Field.Index 的枚举包含着 4 个类型，分别是 NO——不索引；TOKENIZED——先分词再索引；UN TOKENIZED——不分词但索引；NO_NORMS——索引但不使用分析器不评分）。

（2）IndexWriter 和 IndexReader：用于对 Lucene 索引文件的写操作和读操作，构造函数需要开发者确定 Lucene 的路径和分析器。IndexWriter 对象的 Optimize 方法用来优化索引文件。使用完 IndexWriter 和 IndexReader 后一定记住调用 Close 方法关闭索引文件的访问。使用 IndexWriter 时还要注意，Lucene 不支持并发写入或优化，如果并发很可能造成索引文件的损坏。

（3）QueryParser：QueryParser 用于实现自然语义的查询条件的查询，类似于 Google，输入“.NET”就可以把内容中包含.NET 的网页搜索出来，而搜索“.NET +C#”就可以把包含.NET 的并且包含 C#的网页搜索出来。在 Lucene 的应用中，可以通过 QueryParser 来实现，代码如下：

```
IndexReader reader = IndexReader.Open("d:\\BookIndex");
Searcher searcher = new IndexSearcher(reader);
QueryParser parser = new QueryParser("text", new StandardAnalyzer());
Query query = parser.Parse(".NET +C#");
searcher.Search(query);
```

QueryParser 的构造函数有两个参数，第一个是包含的 Filed；第二个是需要的分析器。定义了 QueryParser 后，需要将查询条件分析成 Query 类型，分析所用的分析器是构造函数中传递的分析器。

（4）Hits：Hits 类用于获取查询的结果，也就是可以用"Hits hits = searcher.Search(query);"取得查询的结果，结果是由若干个 Document 组成的，可以使用 Length()方法获得个数，用 hits.Doc(Item)的方式访问各个 Document 对象。

3．入库和查询

如果希望实现对图书的全文索引，实现的过程可以分为入库和查询两部分。

Lucene 入库，就是在添加图书和修改图书时，将图书信息入库，在删除图书时将图书信息删除。

（1）在解决方案中添加 Lucene.NET 的 DLL 文件的引用。在资源管理器中单击鼠标右键，选择"添加引用"，弹出如图 15-2 所示的对话框。

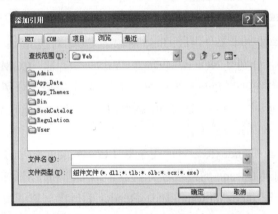

图 15-2　添加 Lucene 引用

在浏览的选项卡中选择 Lucene.NET 的 DLL 文件所在的目录，并选中 Lucene.NET.dll，然后单击"确定"按钮，就添加了对 Lucene.NET 的 DLL 文件的引用。

（2）修改图书维护程序，实现在图书添加和修改的同时维护 Lucene 索引。

打开 AddBook.aspx 文件，将 btnAdd_Click 方法内容修改如下：

```
bool isEdit = false;
BookBLL bookbll = new BookBLL();
BookModel bookmodel = new BookModel();
if (!string.IsNullOrEmpty(Request.QueryString["bookID"]))
{
    isEdit = true;
```

```
        }
        if (isEdit)
        {
            bookmodel    =    bookbll.GetModel(Convert.ToInt32(Request.QueryString
["bookID"]));
        }
    bookmodel.BookNm = txtbookNm.Text;
    bookmodel.BookNo = txtbookID.Text;
    bookmodel.CategoryID = Convert.ToInt32(ddbookcategory.SelectedValue);
    bookmodel.Publisher = txtpublisher.Text;
    bookmodel.Author = txtauthor.Text;
    bookmodel.AddDate = DateTime.Now;
    bookmodel.BookNumber = int.Parse(txtbooknum.Text);
    bookmodel.BookDescription = txtbookNote.Text;
    bookmodel.PublishDate = Calendar1.SelectedDate;
    int bookID = 0;

    IndexWriter writer;
    DirectoryInfo dir = new DirectoryInfo("d:\\BookIndex");
    if (!dir.Exists)
    {
        dir.Create();
        writer = new IndexWriter("d:\\BookIndex", new StandardAnalyzer(), true);
    }
    else
    {
        writer = new IndexWriter("d:\\BookIndex", new StandardAnalyzer(), false);
    }
    Document doc = new Document();
    doc.Add(new Field("BookNm", bookmodel.BookNm, Field.Store.YES, Field.Index.
NO));
    doc.Add(new Field("BookNo", bookmodel.BookNo, Field.Store.YES, Field.Index.
NO));
    doc.Add(new Field("Author", bookmodel.Author, Field.Store.YES, Field.Index.
NO));
    .doc.Add(new Field("Publisher", bookmodel.Publisher, Field.Store.YES, Field.
Index.NO));
    doc.Add(new Field("PublishDate", bookmodel.PublishDate.ToShortDateString(),
Field.Store.YES, Field.Index.NO));
    doc.Add(new Field("BookDescription", bookmodel.BookDescription, Field.Store.
NO, Field.Index.TOKENIZED));
```

```
    if (isEdit)
    {
        bookID = Convert.ToInt32(Request.QueryString["bookID"]);
        bookbll.UpdateRow(bookmodel);
        doc.Add(new Field("bookID", bookID.ToString(),Field.Store.YES,Field.
Index.UN_TOKENIZED));
        Term term = new Term("bookID", bookID.ToString());
        writer.UpdateDocument(term,doc);
    }
    else
    {
        bookID = bookbll.AddRow(bookmodel);
        doc.Add(new Field("bookID", bookID.ToString(), Field.Store.YES, Field.
Index.UN_TOKENIZED));
        writer.AddDocument(doc);
    }
    writer.Optimize();
    writer.Close();
    if (uploadFile.PostedFile.FileName != "")
    {
        BookImageModel imageModel = new BookImageModel();
        imageModel.BookID = bookID;
        int imageLength = uploadFile.PostedFile.ContentLength;
        Stream stream = uploadFile.PostedFile.InputStream;
        byte[] buf = new byte[imageLength];
        int i = stream.Read(buf, 0, imageLength);
        imageModel.BookImg = buf;
        BookImageBLL imageBll = new BookImageBLL();
        if (isEdit && imageBll.ExistsWithParam("bookID=" + bookID.ToString()))
        {
            imageBll.UpdateRow(imageModel);
        }
        else
        {
            imageBll.AddRow(imageModel);
        }
        imageBll.Dispose();
    }
    bookbll.Dispose();
```

当然还需要增加对命名空间的引用，在文件的顶端增加如下代码。

```
using Lucene.NET.Documents;
using Lucene.NET.Index;
using Lucene.NET.Analysis.Standard;
```

（3）修改删除图书程序，实现在图书删除的同时删除 Lucene 相应记录。打开
DelBook.aspx 文件的代码文件，将 Page_Load 方法内容修改如下：

```
    if (!string.IsNullOrEmpty(Request.QueryString["bookID"]))
    {
        BookBLL bll=new BookBLL();
        try
        {
            bll.DeleteRow(int.Parse(Request.QueryString["bookID"]));
            IndexWriter writer;
            DirectoryInfo dir = new DirectoryInfo("d:\\BookIndex");
            if (dir.Exists)
            {
                writer    =    new    IndexWriter("d:\\BookIndex",    new
StandardAnalyzer(), false);
                Term term = new Term("bookID", Request.QueryString["bookID"]);
                writer.DeleteDocuments(term);
            }
            this.Label1.Text = "删除成功！";
         }
        finally
        {
            bll.Dispose();
        }
}
else
{
    this.Label1.Text = "参数不全！";
    this.Label1.ForeColor = System.Drawing.Color.Red;
}
```

增加对命名空间的引用，在文件的顶端增加如下代码。

```
using Lucene.NET.Index;
using Lucene.NET.Analysis.Standard;
using System.IO;
```

（4）修改图书查询，选择从 Lucene 中查找图书信息。打开 ShowBookList.aspx 页

面的代码文件，将原来实现查询搜索的代码，修改为如下：

```
DataTable dt = new DataTable();
dt.Columns.Add("ID",System.Type.GetType("System.Int32"));
dt.Columns.Add("bookNm", System.Type.GetType("System.String"));
dt.Columns.Add("publisher", System.Type.GetType("System.String"));
dt.Columns.Add("author", System.Type.GetType("System.String"));
dt.Columns.Add("publishDate", System.Type.GetType("System.DateTime"));
IndexReader reader = IndexReader.Open("d:\\BookIndex");
Searcher searcher = new IndexSearcher(reader);
QueryParser    parser    =    new    QueryParser("BookDescription",    new
StandardAnalyzer());
Query query = parser.Parse(Request.QueryString["name"]);
Hits hits = searcher.Search(query);
for (int i = 0; i<hits.Length(); i++)
{
    Document doc = hits.Doc(i);
    DataRow row = dt.NewRow();
    row["ID"] = int.Parse(doc.Get("bookID"));
    row["bookNm"] = doc.Get("BookNm");
    row["publisher"] = doc.Get("Publisher");
    row["author"] = doc.Get("Author");
    row["publishDate"] = DateTime.Parse(doc.Get("PublishDate"));
    dt.Rows.Add(row);
}
reader.Close();
this.bookList.DataSource = dt;
this.bookList.DataBind();
return;
```

增加对命名空间的引用，在文件的顶端增加如下代码。

```
using Lucene.NET.Documents;
using Lucene.NET.Index;
using Lucene.NET.Analysis.Standard;
using Lucene.NET.Search;
using Lucene.NET.QueryParsers;
```

Lucene.NET 的全文索引的应用就被增加到系统中了，下面来看看运行的效果吧。首先用 Admin 账号登录，添加几本图书，这些图书就被添加 Lucene 的文件索引了，接下来，在页面右边的栏目中搜索，新建的图书就被搜索出来了，还可以搜索多个条件，运行界面如图 15-3 所示。

图 15-3　Lucene 查询效果

15.3　实现图书查询服务

目前很多系统都是信息孤岛类型的系统，每个系统都几乎不与其他系统做信息交互，造成信息孤岛的原因有两点。其一，没有实现信息交互的接口；其二，实现了接口但是没有固定的标准，不利于和其他系统的集成。

设想一下该系统应用在大学中，学生信息存在于很多的管理系统中，每次信息的改变都需要在每个系统中更改，同样在不同的系统中还有不同的注册信息，登录不同的系统，需要输入不同的账号和密码，不便于使用。

难道没有方式来改变这个现状吗？当 Web 服务作为一个新的解决方案出现的时候，就被计算机界共同认为是解决信息孤岛问题的最佳方案。Web 服务是一种新的 Web 应用程序分支，它们是自包含、自描述、模块化的应用，可以发布、定位、通过 Web 调用。Web 服务可以执行从简单的请求到复杂商务处理的任何功能。一旦部署以后，其他 Web 服务应用程序可以发现并调用它部署的服务。Web 服务可以把业务逻辑划分为一个一个的组件，然后在整个因特网的范围执行其功能。所以，它是构造分布式、模块化应用程序的最新技术和发展趋势。

下面就用实际案例开发的方式学习一下 Web 服务的开发过程，本书开发的图书管理系统提供图书列表和图书信息查询的服务，使系统可以将某些主要内容通过服务的方式提供给其他系统使用。下面就是开发图书信息列表和图书信息查询服务的具体的项目步骤。

1. 创建 WebService 文件

在解决方案资源管理器中，单击鼠标右键，选择"添加新项"，在"项目类型选择"对话框中，选择 Web 服务，并命名为 BookService.asmx。自动生成的界面显示代码如下：

```
using System;
using System.Web;
using System.Collections;
using System.Web.Services;
using System.Web.Services.Protocols;



/// <summary>
/// BookService 的摘要说明
/// </summary>
[WebService(Namespace = "HTTP://tempuri.org/")]
[WebServiceBinding(ConformsTo = WsiProfiles.BasicProfile1_1)]
public class BookService : System.Web.Services.WebService
{

    public BookService()
    {

        //如果使用设计的组件，请取消注释以下行
        //InitializeComponent();
    }


    [WebMethod]
    public string HelloWorld()
    {
        return "Hello World";
    }
}
```

上面的代码就是 Web 服务最简单的呈现，其中 Hello World 是一个用来远程调用的方法，它的声明和定义与普通方法一样，唯一的差别就是要在方法之上添加一个属性 WebMethod，只有这样，此方法才能被远程调用。下面按照这个方法来实现图书管理系统的服务。

2. 实现图书列表服务

通过调用 BookBLL 对象可以实现所有图书列表的返回。

增加引用命名空间，代码如下：

```
using System.Data;
using LIBRARYMSBLL;
```

实现功能的代码如下：

```
[WebMethod]
public DataTable GetBookList()
{
BookBLL bll = new BookBLL();
try
{
return bll.GetTable();
}
finally
{
bll.Dispose();
}
}
```

3. 实现图书信息查询服务

按照上一节实现 Lucene 方法中实现图书信息查询的方式，来实现一个支持全文检索的图书信息查询服务。

增加引用命名空间，代码如下：

```
using Lucene.NET.Documents;
using Lucene.NET.Index;
using Lucene.NET.Analysis.Standard;
using Lucene.NET.Search;
using Lucene.NET.QueryParsers;
```

实现功能的代码如下：

```
[WebMethod]
public DataTable FindBook(string findTxt)
{
if (findTxt == string.Empty)
{
    return GetBookList();
}
DataTable dt = new DataTable();
dt.Columns.Add("ID", System.Type.GetType("System.Int32"));
```

```
dt.Columns.Add("bookNm", System.Type.GetType("System.String"));
dt.Columns.Add("publisher", System.Type.GetType("System.String"));
dt.Columns.Add("author", System.Type.GetType("System.String"));
dt.Columns.Add("publishDate", System.Type.GetType("System.DateTime"));
IndexReader reader = IndexReader.Open("d:\\BookIndex");
Searcher searcher = new IndexSearcher(reader);
QueryParser    parser    =    new    QueryParser("BookDescription",    new
StandardAnalyzer());
Query query = parser.Parse(findTxt);
Hits hits = searcher.Search(query);
for (int i = 0; i < hits.Length(); i++)
{
    Document doc = hits.Doc(i);
    DataRow row = dt.NewRow();
    row["ID"] = int.Parse(doc.Get("bookID"));
    row["bookNm"] = doc.Get("BookNm");
    row["publisher"] = doc.Get("Publisher");
    row["author"] = doc.Get("Author");
    row["publishDate"] = DateTime.Parse(doc.Get("PublishDate"));
    dt.Rows.Add(row);
}
reader.Close();
return dt;
}
```

现在，服务已经实现好了，下面来看看运行结果，将创建的 Web 服务页面设置为起始页，运行就可以看到如图 15-4 所示的界面。

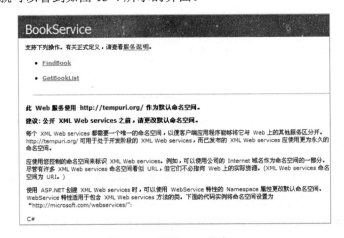

图 15-4 预览 Web 服务 1

出现这个页面就表示服务开发没有问题，接着可以尝试运行一个方法，例如，单击 GetBookList 方法，出现如图 15-5 所示的界面。

图 15-5 预览 Web 服务 2

单击"调用"按钮，就可以看到最终的结果。结果当然是 XML 格式的了，这也就是 Web 服务的强大之处，通过在 HTTP 协议下扩展的 SOAP 协议传输 XML 数据，这样就可以很方便地实现其他系统的调用。最终的 XML 数据内容页如图 15-6 所示。

```
<?xml version="1.0" encoding="utf-8" ?>
- <DataTable xmlns="http://tempuri.org/">
  - <xs:schema id="NewDataSet" xmlns=""
      xmlns:xs="http://www.w3.org/2001/XMLSchema"
      xmlns:msdata="urn:schemas-microsoft-com:xml-msdata">
    - <xs:element name="NewDataSet" msdata:IsDataSet="true"
        msdata:MainDataTable="book" msdata:UseCurrentLocale="true">
      - <xs:complexType>
        - <xs:choice minOccurs="0" maxOccurs="unbounded">
          - <xs:element name="book">
            - <xs:complexType>
              - <xs:sequence>
                  <xs:element name="ID" type="xs:int" minOccurs="0" />
                  <xs:element name="bookNm" type="xs:string"
                    minOccurs="0" />
                  <xs:element name="bookNo" type="xs:string"
                    minOccurs="0" />
                  <xs:element name="publisher" type="xs:string"
                    minOccurs="0" />
                  <xs:element name="author" type="xs:string"
                    minOccurs="0" />
                  <xs:element name="categoryID" type="xs:int"
                    minOccurs="0" />
                  <xs:element name="publishDate" type="xs:dateTime"
                    minOccurs="0" />
                  <xs:element name="bookNumber" type="xs:int"
                    minOccurs="0" />
                  <xs:element name="bookDescription"
```

图 15-6 Web 服务结果

4．远程调用 Web 服务

该如何远程调用上面实现的 Web 服务呢？在这里实现一个 WinForm 的应用程序调用这个服务的例子。这也是本书中唯一的一个 WinForm 的例子。

（1）创建 WinForm 项目：新建项目，选择项目类型为 Windows 应用程序，并命名为"BookServiceTest"，界面操作如图 15-7 所示。

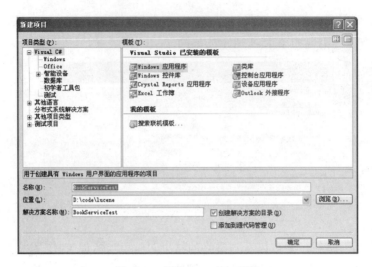

图 15-7　创建 WinForm 项目

（2）添加 Web 服务引用：在解决方案资源管理器中，单击鼠标右键，选择"添加 Web 引用"，出现如图 15-8 所示的对话框，将 Web 项目的 Web 服务的 URL 输入，然后单击"前往"按钮。

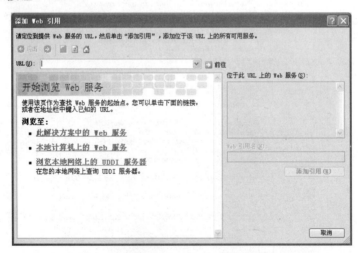

图 15-8　添加 Web 引用 1

（3）"添加 Web 引用"对话框的空白处将出现类似直接浏览 Web 服务页的内容，如图 15-9 所示。

选择右下角的"添加引用"按钮就可以将 Web 服务引用入项目。

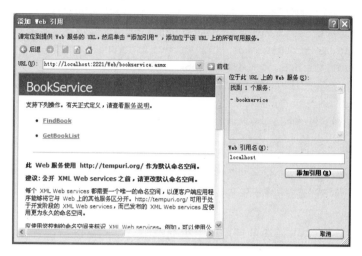

图 15-9　添加 Web 引用 2

（4）代码实现：WinForm 窗体上创建用于呈现的控件，分别是一个 Panel，用于布局；一个按钮，用于取全部图书列表；一个 Lable，用于显示文本；一个 TextBox，用于输入查询语句；又一个按钮，用于取查询后列表；一个 DataGridView 空间，用于显示返回的对话框；然后分别双击两个按钮并实现其响应代码，开发界面效果如图 15-10 所示。

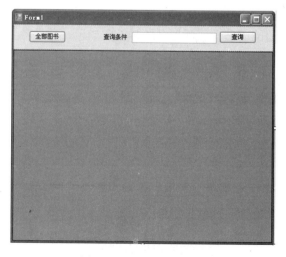

图 15-10　WinForm 预览

代码如下：

```
private void button1_Click(object sender, EventArgs e)
```

```
{
    BookService bookService = new BookService();
    dataGridView1.DataSource = bookService.GetBookList();
    dataGridView1.DataMember = "book";
}

private void button2_Click(object sender, EventArgs e)
{
    BookService bookService = new BookService();
    dataGridView1.DataSource = bookService.FindBook(this.textBox1.Text);
    dataGridView1.DataMember = "book";
}
```

这样就完成了对 Web 服务的调用了，很简单吧。下面可以运行看看实际效果了。

上面举的这个例子很简单。客户不必装载 COM 或 DCOM，甚至也不必拥有 Windows 客户程序。任何能创建 HTTP 连接的客户程序都能调用 Web 服务并收到结果。这种功能开辟了创建分布式应用程序、实现平台之间相互操作的全新领域。同时，也不难发现用 VS2005 开发 Web 服务是一件相当容易的事。有兴趣的读者可以试着开发出功能更强大的 Web 服务，并将它应用于实际项目开发之中。

15.4 小结

以代码开发为中心的图书管理项目已经开发完毕了，下面来总结一下这个项目开发的心得。

15.4.1 基于代码的编程

本部分的项目采用了完全代码的方式实现，甚至于数据绑定控件的特性都很少使用。通过前项目和本项目的开发，读者可以认识到这两种方式分别适合不同情况下的开发，用"数据源+控件配置"的方式适合快速的项目开发，如需要开发一个项目的 demo 或内部使用的小系统等，用于前项目的开发比较适合；而基于三层架构的代码开发方式适合正规的大型的项目开发，这类开发不仅是数据的展现和简单的数据操作，可能有比较烦琐和重复的流程、可能需要与其余系统的交互、可能不仅针对数据库而是更多的系统底层或者其他方面的开发，用于本项目的开发就比较适合了。

15.4.2　如何发挥 ASP.NET 2.0 的优势

相对于 ASP、PHP 和 JSP 等 Web 项目开发的其他主流语言，ASP.NET 2.0 有很多利于开发应用的优势。

（1）服务器控件概念的提出和完善，实现了界面和后台代码灵活地结合和交互。

（2）完善的界面控件事件模型，可以方便地实现基于界面事件的开发应用，无须类似其他界面开发语言，通过提交时实现不同的参数类传递来简单区分事件。

（3）强大的后台支持，不仅用于简单的网站开发，还可以用于复杂的应用程序的开发，可以实现分层的、多服务器的、分布式等复杂应用。

（4）provider 模式方便应用的扩展，框架默认实现了常用的基本功能和标准，可以在标准的基础上扩展或与其他系统对接，满足各类开发的需要。

（5）灵活的页面控件复用和样式复用技术，提高了开发、维护和改进的效率。

在项目开发中利用 ASP.NET 2.0 的这些优势可以快速地实现需要的功能。

本书到这个地方就要结束了，希望读者通过本书的学习可以对 Web 项目开发有更感性的认识。笔者还在夜以继日地学习和 coding，不停地学习、不停地创新是我们程序员的写照，希望读者您也可以加入到程序员的行列里来。

附录 A　项目文件介绍

解压下载的压缩包，主要有两个项目组成，分别在 project1 和 project2 目录中。

project1 目录下的项目是第一个阶段开发的结果，可以双击 LibraryMS 目录下的 LibraryMS.sln 文件来启动 VS2005 并加载该项目，目录结构如图 A-1 所示。

图 A-1　第一个项目目录

project2 目录下的项目是第二个阶段开发的结果，可以用和 project1 一样的方式加载该项目，目录结构如图 A-2 所示。

图 A-2　第二个项目目录

根目录下的 CodeCreater.exe 文件就是第二阶段学习使用的代码生成器，它的使用方法在第 12 章数据层的实现的小结中简单介绍了。

项目以数据库文件模式访问数据库，所以只要完全安装了 VS2005 就可以自动连接数据库。

两个系统均由两个角色组成，分别为系统管理员和借阅者，他们的演示账号和密码分别如下：

系统的管理员账号是 admin，密码是 111111~；

系统的借阅者账号是 user，密码是 111111~。

附录 B　数据库目录

借阅者表　表名：userinfo

字 段 名	说　　明
ID	学生标识，自动增长
userID	用户 ID
userNo	学生学号
userNm	学生姓名
userCollegeID	学生所属学院 ID
userClassID	学生所属班级 ID
sex	学生性别
inDate	学生入学时间
email	学生电子邮箱
tel	学生电话
address	学生住址

图书表　表名：book

字 段 名	说　　明
ID	图书标识，自动增长
bookNo	图书号
categoryID	图书所属类别 ID
publisher	出版社
author	作者
publishDate	图书出版时间
bookNumber	图书数量
bookDescription	图书简介
addDate	图书入馆时间

图书借阅记录表　表名：bookBorrow

字 段 名	说 明
ID	图书借阅记录标识，自动增长
userID	借阅者 ID（用户 ID）
borrowTime	图书借阅时间
borrowType	图书借阅类型〔有一个月(1)和两个月(2)两种类型〕
returnTime	还书时间
bookID	图书标识（图书 ID）
isReturn	是否归还

图书目录表　表名：bookCategory

字 段 名	说 明
ID	图书类别标识，自动增长
categoryNm	图书类别名称

延期还书申请表　表名：extensionApply

字 段 名	说 明
ID	延期还书申请标识，自动增长
userID	申请人 ID（用户 ID）
borrowID	图书借阅记录 ID
extensionType	延期还书申请类型
applyMark	延期还书申请原因
applyDate	延期还书申请时间
conclusion	延期还书申请结果

图片表　表名：bookImage

字 段 名	说 明
ID	图书图片标识，自动增长
bookID	图书标识（ID）
bookImg	图片内容

学院表　表名：college

字 段 名	说 明
ID	学院标识，自动增长
collegeNm	学院名称

班级表　表名：schoolclass

字 段 名	说 明
ID	班级标识，自动增长
collegeID	学院标识（ID）
classNm	班级名称

项目包含的视图解释

视 图 名	说 明
VBook	图书视图，显示图书内容和目录名称
VBookBorrow	图书借阅信息
VBorrowUser	用户借阅信息
VExtensionApply	延期申请信息

项目包含的存储过程解释

视 图 名	说 明
AddBook	添加图书
AgreeApply	延期申请审批
UpdateBook	更新图书信息

《ASP.NET 2.0 Web 开发入门指南》读者交流区

尊敬的读者：

感谢您选择我们出版的图书，您的支持与信任是我们持续上升的动力。为了使您能通过本书更透彻地了解相关领域，更深入地学习相关技术，我们将特别为您提供一系列后续的服务，包括：

- 提供本书的修订和升级内容、相关配套资料；
- 本书作者的见面会信息或网络视频的沟通活动；
- 相关领域的培训优惠等。

请您抽出宝贵的时间将您的个人信息和需求反馈给我们，以便我们及时与您取得联系。

您可以任意选择以下三种方式与我们联系，我们都将记录和保存您的信息，并给您提供不定期的信息反馈。

1．短信

您只需编写如下短信：05615+您的需求+您的建议

移动用户发短信至106575580366116或者106575585322116，联通用户发短信至10655020666116。（资费按照相应电信运营商正常标准收取，无其他收费）

2．电子邮件

您可以发邮件至**jsj@phei.com.cn**或**editor@broadview.com.cn**。

3．信件

您可以写信至如下地址：北京万寿路173信箱博文视点，邮编：100036。

如果您选择第2种或第3种方式，您还可以告诉我们更多有关您个人的情况，及您对本书的意见、评论等，内容可以包括：

（1）您的姓名、职业、您关注的领域、您的电话、E-mail地址或通信地址；

（2）您了解新书信息的途径、影响您购买图书的因素；

（3）您对本书的意见、您读过的同领域的图书、您还希望增加的图书、您希望参加的培训等。

同时，我们非常欢迎您为本书撰写书评，将您的切身感受变成文字与广大书友共享。我们将挑选特别优秀的作品转载在我们的网站（**www.broadview.com.cn**）上，或推荐至CSDN.NET等专业网站上发表，被发表的书评的作者将获得价值50元的博文视点图书奖励。

我们期待您的消息！

博文视点愿与所有爱书的人一起，共同学习，共同进步！

通信地址：北京万寿路173信箱　博文视点（100036）　　电话：010-51260888

E-mail：jsj@phei.com.cn，editor@broadview.com.cn

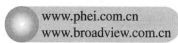
www.phei.com.cn
www.broadview.com.cn

反侵权盗版声明

　　电子工业出版社依法对本作品享有专有出版权。任何未经权利人书面许可，复制、销售或通过信息网络传播本作品的行为；歪曲、篡改、剽窃本作品的行为，均违反《中华人民共和国著作权法》，其行为人应承担相应的民事责任和行政责任，构成犯罪的，将被依法追究刑事责任。

　　为了维护市场秩序，保护权利人的合法权益，我社将依法查处和打击侵权盗版的单位和个人。欢迎社会各界人士积极举报侵权盗版行为，本社将奖励举报有功人员，并保证举报人的信息不被泄露。

举报电话：（010）88254396；（010）88258888

传　　真：（010）88254397

E-mail：　dbqq@phei.com.cn

通信地址：北京市万寿路 173 信箱
　　　　　电子工业出版社总编办公室

邮　　编：100036